大数据技术精品系列教材

Excel
数据分析实务

Data Analysis with Excel

肖媚娇　张良均 ◉ 主编

叶明珠　黄丽宏　赖慧盈 ◉ 副主编

人民邮电出版社

北　京

图书在版编目（CIP）数据

Excel数据分析实务 / 肖媚娇，张良均主编． -- 北京：人民邮电出版社，2022.8（2024.7重印）
大数据技术精品系列教材
ISBN 978-7-115-59495-2

Ⅰ．①E… Ⅱ．①肖… ②张… Ⅲ．①表处理软件—教材 Ⅳ．①TP391.13

中国版本图书馆CIP数据核字(2022)第105603号

内 容 提 要

　　本书由一个实际项目贯穿，以项目为导向，由浅入深地介绍 Excel 2016 在数据分析中的应用。全书分为 4 篇，分别为概述、数据获取、数据处理，以及数据分析与可视化，共包括 11 个项目，分别为学生校园消费行为概述，获取文本数据，制作消费金额的描述性统计分析表，处理异常值，处理缺失值，处理重复值，使用 Power Query 方法处理数据，合并数据，分析食堂就餐情况，分析学生就餐消费行为，撰写分析报告。项目 2～项目 11 都包含技能拓展，可以补充 Excel 2016 在数据分析中的应用。此外，项目 2～项目 10 都包含技能训练，读者可以通过练习和操作实践巩固所学的内容。

　　本书可以作为中等职业学校及高等职业学校数据分析相关课程的教材，也可以作为数据分析爱好者的自学用书。希望读者通过学习本书，可以养成敬业、精益、专注、创新的工匠精神，树立正确的消费观，发扬艰苦奋斗、勤俭节约的精神。

◆ 主　　编　肖媚娇　张良均
　　副 主 编　叶明珠　黄丽宏　赖慧盈
　　责任编辑　赵　亮
　　责任印制　王　郁　焦志炜
◆ 人民邮电出版社出版发行　　北京市丰台区成寿寺路 11 号
　　邮编　100164　　电子邮件　315@ptpress.com.cn
　　网址　https://www.ptpress.com.cn
　　固安县铭成印刷有限公司印刷
◆ 开本：787×1092　1/16
　　印张：12.25　　　　　　　　　2022 年 8 月第 1 版
　　字数：296 千字　　　　　　　　2024 年 7 月河北第 3 次印刷

定价：49.80 元

读者服务热线：(010)81055256　印装质量热线：(010)81055316
反盗版热线：(010)81055315
广告经营许可证：京东市监广登字 20170147 号

序 FOREWORD

随着大数据时代的到来，电子商务、云计算、互联网金融、物联网、虚拟现实、人工智能等不断渗透并重塑传统产业，大数据当之无愧地成为新的产业革命核心，产业的迅速发展使教育系统面临着新的要求与考验。

职业院校作为人才培养的重要载体，肩负着为社会培育人才的重要使命。职业院校做好大数据人才培养工作，对职业教育向类型教育发展具有重要的意义。2016 年，中华人民共和国教育部（以下简称"教育部"）批准职业院校设立大数据技术与应用专业，各职业院校随即做出反应，目前已经有超过 800 所学校开设了大数据相关专业。2019年 1 月 24 日，中华人民共和国国务院印发《国家职业教育改革实施方案》，明确提出"经过 5~10 年时间，职业教育基本完成由政府举办为主向政府统筹管理、社会多元办学的格局转变"。2021 年 10 月 12 日，中华人民共和国中央办公厅、国务院办公厅印发了《关于推动现代职业教育高质量发展的意见》，提出了"职业教育是国民教育体系和人力资源开发的重要组成部分，肩负着培养多样化人才、传承技术技能、促进就业创业的重要职责"。

实践教学在职业院校人才培养中有着重要的地位，是巩固和加深理论知识的有效途径。目前，部分高校教学体系配置过多地偏向理论教学，课程设置与企业实际应用契合度不高，学生很难把理论转化为实践应用技能。为此，广东泰迪智能科技股份有限公司与人民邮电出版社共同策划了"大数据技术精品系列教材"，希望能有效解决大数据相关专业实践型教材紧缺的问题。

本系列教材的第一大特点是注重学生的实践能力培养，针对高校实践教学中的痛点，首次提出"鱼骨教学法"的概念，携手"泰迪杯"竞赛，以企业真实需求为导向，使学生能紧紧围绕企业实际应用需求来学习技能，将学生需掌握的理论知识通过企业案例的形式进行衔接，达到知行合一、以用促学的目的。第二大特点是以大数据技术应用为核心，紧紧围绕大数据应用闭环的流程进行教学。本系列教材涵盖了企业大数据应用中的各个环节，符合企业大数据应用的真实场景，使学生从宏观上理解大数据技术在企业中的具体应用场景和应用方法。

在深化教师、教材、教法"三教"改革的人才培养实践过程中，本系列教材将根据读者的反馈意见和建议及时改进、完善，努力成为大数据时代的新型"编写、使用、反馈"螺旋式上升的系列教材建设样板。

教育部计算机职业教育教学指导委员会委员

中国计算机学会职业教育发展委员会副主席

2022 年 4 月于粤港澳大湾区

前 言 PREFACE

现在是一个用数据"说话"的时代，也是一个依靠数据竞争的时代，越来越多的企业意识到数据已经成为企业的智力资产和资源，数据的分析和处理能力正在成为企业日益倚重的技术手段。而数据分析课程也已经成为越来越多的学生所需要修学的课程，数学专业、经济学专业、人力资源管理专业、计算机专业等都将数据分析作为一门必修的课程。作为数据分析的入门工具——Excel 被大多数人所使用，本书将以 Excel 2016 作为数据分析的工具展开介绍数据分析的步骤和方法。本书全面贯彻党的二十大精神，以社会主义核心价值观为引领，加强基础研究、发扬斗争精神，为建成教育强国、科技强国、人才强国、文化强国添砖加瓦。

本书特色

- 以项目为导向。本书项目由项目背景、项目目标、目标分析、项目实施、项目总结构成，让读者对实际项目的流程有一个初步的认识。
- 注重应用教学。本书由一个实际项目贯穿，按照数据分析的流程详细地讲解如何使用 Excel 2016 进行数据获取、数据处理、数据分析与可视化，以及撰写数据分析报告。
- 将拓展与巩固结合。本书每个项目（项目 1 除外）均包含技能拓展，用于讲解项目中没有涉及的知识点，以丰富读者的知识。并在每个项目（项目 1 和项目 11 除外）的最后添加了技能训练，以帮助读者巩固所学知识，实现真正理解并应用所学知识。
- 贯彻立德树人。本书每个项目都融入素养目标和思考题，教导学生要遵纪守法，养成敬业、精益、专注、创新的工匠精神，树立正确的消费观，发扬艰苦奋斗、勤俭节约的精神。

本书适用对象

- 开设有数据分析课程的中高职学校的教师和学生。
- 以 Excel 作为生产力工具的人员。
- 关注数据分析的人员。

代码下载及问题反馈

　　为了帮助读者更好地使用本书，本书配备了原始数据文件，以及 PPT 课件、教学大纲、教学进度表和教案等教学资源，读者可以从泰迪云教材网站免费下载，也可登录人民邮电出版社教育社区（www.ryjiaoyu.com）下载。同时欢迎教师加入 QQ 交流群"人邮大数据教师服务群"（669819871）进行交流探讨。

　　本书由肖媚姣、张良均任主编，叶明珠、黄丽宏、赖慧盈任副主编，此外罗晓玲也参与了本书的编写，书中不足之处敬请批评指正。如果读者有宝贵的意见，欢迎在泰迪学社微信公众号（TipDataMining）回复"图书反馈"进行反馈。更多关于本系列图书的信息可以在泰迪云教材网站查阅。

编　者

2023 年 5 月

泰迪云教材

目 录 CONTENTS

第一篇 概述

项目 ① 学生校园消费行为概述

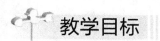
教学目标

1. 技能目标

能基于项目的背景和需求，确定分析思路和流程。

2. 知识目标

掌握数据分析的概念和流程。

3. 素养目标

（1）合理消费，引导学生树立正确消费观。

（2）互帮互助，引导学生学习关心身边的人。

（3）对数据进行脱敏处理，在大数据时代下，引导学生学会保护他人信息安全，不侵犯他人的数据隐私。

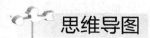
思维导图

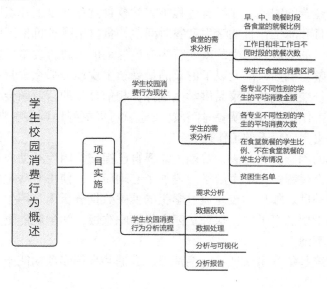

项目背景

为民造福是立党为公、执政为民的本质要求。民以食为天，某高校校园一卡通系统记录了学生就餐的信息和进出门的信息，为给学生提供更好的服务，可以基于这些信息挖掘出其中所蕴含的信息，分析学生在校园内的学习生活行为，以改进管理制度。因此需要利用已有的数据，根据数据分析的流程，分析并熟悉学生的校园消费行为。

项目目标

根据数据分析的概念和流程，结合某高校校园一卡通系统的业务，分析学生校园消费行为现状，熟悉学生校园消费行为的分析流程。

目标分析

（1）基于某高校校园一卡通系统的业务，了解学生食堂就餐行为和学生校园消费行为的现状。

（2）确定学生就餐行为和学生消费行为的数据分析流程。

项目实施

1.1 分析学生校园消费行为现状

通过分析学生校园消费行为，学校能更为精准地得到学生整体的就餐需求，从而提供更为贴近学生需求的用餐服务，提升学生的就餐满意度，使得食堂的资源配置更为合理。除此之外，还能根据学生的就餐消费金额分析出哪些学生是贫困生，从而进行精准帮扶。

该高校目前遇到以下两个困惑。

（1）学校食堂经营的困惑。在经营过程中，学校食堂存在以下几点困惑：哪个食堂更受学生欢迎，工作日和非工作日的学生就餐时间段，食堂中哪种价格区间的菜品最受学生欢迎、营业额最高。如果能对学生的就餐行为有更详细的了解，食堂可以更好地根据学生就餐的需求进行调整。例如，5 元以下的菜品最受学生欢迎，那么食堂可以将菜品重新进行包装，推出更多价廉物美的小菜品供学生选择，相信食堂的营业额会有大的提高；如果了解了工作日和非工作日的学生就餐时间段，食堂就可以更好地调整食堂员工的备菜时间，更精准地安排人手去完成每天的工作任务。

（2）找贫困生的困惑。在过去，贫困生需要自己提交贫困生补助申请，并且由学校公示贫困生名单，这个过程在无形中给学生增加了心理压力，使得有些想自力更生的贫困生不愿意去申请这笔补助。如果学校能通过学生的就餐数据分析出贫困生名单，将补助"悄无声息"地充值到学生的饭卡中，保证贫困生能够吃饱饭，学生就能更安心地在学校努力读书，不用担心吃不饱。

校园一卡通系统是集身份认证、金融消费、数据共享等多项功能于一体的信息集成系统。在为师生提供优质、高效信息化服务的同时，某高校的校园一卡通系统积累了大量的历史记录，其中蕴含着学生的消费行为以及学校食堂等各部门的运行状况等信息。基于某高校 2019 年 4 月 1 日至 4 月 30 日的一卡通数据，整理出学生 ID 表、消费记录表、进出记录表。其中，学生信息存放在"学生 ID 表.txt"文件中，其数据说明如表 1-1 所示。该校食堂的用餐记录存放在"消费记录表.csv"文件中，其数据说明如表 1-2 所示。学生进出记录存放在"进出记录表.csv"文件中，其数据说明如表 1-3 所示。

表 1-1 学生 ID 表数据说明

字段名	描述
序号	学生的序号
校园卡号	每位学生的校园卡号都唯一
性别	分为"男"和"女"
专业名称	如"18 国际金融"等
门禁卡号	每位学生的门禁卡号都唯一

表 1-2 消费记录表数据说明

字段名	描述
序号	消费的流水号
校园卡号	每位学生的校园卡号都唯一
校园卡编号	每位学生的校园卡编号都唯一
消费时间	格式：年月日时分
消费金额（元）	单位：元
存储金额（元）	单位：元
余额（元）	单位：元
消费次数	累计消费的次数
消费类型	如"存款""退款""消费"等类型
消费项目的序列号	当次消费的序号
消费操作的编码	当次消费的编码
消费地点	如"第一食堂"等

表 1-3 进出记录表数据说明

字段名	描述
序号	进出记录的序号
门禁卡号	每位学生的门禁卡号都唯一
进出门时间	格式：年月日时分
进出门地址	包括进出门地址、进出门状态
进出门状态标识	包括 1 和 0 两种，1 表示允许，0 表示禁止
进出门状态描述	包括允许通过、禁止通过-没有权限两种

基于上述现状，可知本项目的目标主要有两个：通过分析食堂的地点、营业时间来分析学生就餐的情况，以便食堂能更好地为学生提供就餐服务；通过分析学生在食堂的消费行为，得出贫困生名单，实现精准帮扶。

基于第一个目标，确定以下关于食堂的需求分析内容。

（1）分析早、中、晚餐时段各食堂的就餐比例。

（2）分析工作日和非工作日不同时段的就餐次数。

（3）分析学生在食堂的消费金额区间。

基于第二个目标，确定以下关于学生的需求分析内容。

（1）分析各专业不同性别的学生的平均消费金额。

（2）分析各专业不同性别的学生的平均消费次数。

（3）分析在食堂就餐的学生比例、不在食堂就餐的学生分布情况。

（4）分析贫困生名单。

1.2 熟悉学生校园消费行为分析流程

数据分析的目的主要是从大量杂乱无章的数据中发现规律并进行概括总结，提炼出有价值的信息。通过对学校一卡通系统数据进行分析，能够帮助食堂掌握学生就餐行为和学生消费行为的情况，了解学生偏好，为学生提供精准贴心的服务。整个数据分析流程图如图 1-1 所示，分析步骤和说明如表 1-4 所示。

图 1-1　学生校园消费行为分析流程

表 1-4　学生校园消费行为分析步骤和说明

步骤	说明
需求分析	需求分析的主要内容是根据业务的需要，结合现有的数据情况，确定数据分析的目的和方法
数据获取	数据获取是指根据分析的目的提取、收集数据，是数据分析工作的基础
数据处理	数据处理是指借助 Excel 对原始数据进行清洗，包括处理异常值、缺失值、重复值等，为下一步的分析提供准确的数据
分析与可视化	分析与可视化主要是指通过筛选、高级排序、数据透视表和各种函数等 Excel 功能发现数据中的规律，并借助图表等可视化的方式来直观地展现数据之间的关联信息，使抽象的信息变得更加清晰、具体，易于观察
分析报告	分析报告是以特定的形式将数据分析的过程和结果展示出来，并提出相关建议，供决策者更好地做出决策

为了掌握本月食堂就餐行为和学生消费行为的情况，需要从学校一卡通系统中抽取并处理学生 ID 表、消费记录表和进出记录表中的数据，然后基于这些处理好的数据进行分析与可视化，最后撰写数据分析报告，为学校管理与决策提供有力的依据。

项目总结

本项目主要介绍了学生校园消费行为项目的背景、数据的基本情况，以及该项目需要达到的目标，并介绍了实现该项目目标的流程，以便读者对该项目有一个整体的认识。

 思考题

【导读】随着时代的发展，当今年轻人的消费观念也在改变，加上受群体示范效应的影响，消费逐渐向多元化发展，除了基本的食品、日用品外，娱乐、颜值管理等方面的支出也成为开支中比较重要的部分。同时，我们也可看到很多学生有着阳光、积极的心态，如不攀比、不盲目消费等。根据确定的消费观念，可制定如下消费规则和底线：第一，确定自己"刚需"消费项目，"刚需"的项目才购买，"非刚需"的项目在经济不宽裕时不购买；第二，学会记账，做到对自己的消费心中有数，约束自己的消费；第三，学会理性的投资与消费，理性的投资可以增加财富，而无端的消费却会浪费金钱；第四，抵制不利于健康的消费内容，不盲目攀比。树立正确的审美标准与良好的生活方式，不仅能控制消费，而且有利于身心健康。

【思考题】假如您身边有深陷不良消费困境的同学，您该如何引导这位同学走出来，并帮助其树立正确的消费观？

第二篇 数据获取

项目 ② 获取文本数据

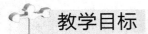 教学目标

1. 技能目标

能导入文本数据。

2. 知识目标

（1）了解可以获取的文本数据的类型。

（2）掌握导入文本数据的方法。

3. 素养目标

（1）遵纪守法，引导学生通过正常渠道合理获取数据。

（2）依法办事，引导学生作为信息处理者不得泄露他人个人信息，提高信息安全意识。

思维导图

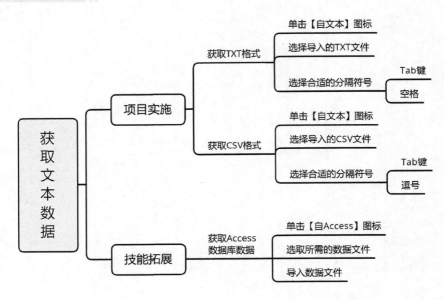

项目背景

某校需要用 Excel 2016 对学生用餐情况进行统计分析，了解学生用餐需求，以便更好地服务学生和改善食堂的经营管理。对学生信息以及用餐消费记录进行分析，需要将已有的文本数据导入 Excel 2016 中。因此需要在 Excel 2016 中导入"学生 ID 表.txt"文件和"消费记录表.csv"文件中的数据。

项目目标

（1）在 Excel 2016 中导入"学生 ID 表.txt"文件中的数据。
（2）在 Excel 2016 中导入"消费记录表.csv"文件中的数据。

目标分析

（1）通过"导入文本文件"功能，在 Excel 2016 中导入"学生 ID 表.txt"文件中的数据，并将工作表重命名为"学生信息（原始）"。
（2）通过"导入文本文件"功能，在 Excel 2016 中导入"消费记录表.csv"文件中的数据，并将工作表重命名为"消费情况（原始）"。

项目实施

2.1 获取学生 ID 数据

在 Excel 2016 中导入"学生 ID 表.txt"文件中数据的具体操作步骤如下。

（1）启动 Excel 2016。在使用 Windows 10 系统的计算机中，单击桌面【开始】按钮，依次选择【Microsoft Office】→【Microsoft Office Excel】启动 Excel 2016，或双击桌面上的 Excel 2016 快捷方式，打开的 Excel 2016 界面如图 2-1 所示。

图 2-1 Excel 2016 界面

（2）打开【导入文本文件】对话框。选择【数据】选项卡，在【获取和转换】命令组中单击【获取外部数据】按钮，在弹出的下拉列表中选择【自文本】选项，如图 2-2 所示；

弹出【导入文本文件】对话框，如图 2-3 所示。

图 2-2　选择【自文本】选项

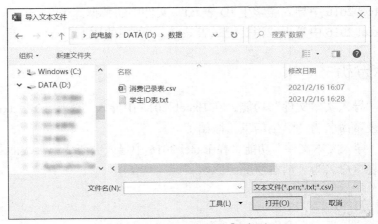

图 2-3　【导入文本文件】对话框

（3）选择要导入数据的 TXT 文件。在【导入文本文件】对话框中，选择"学生 ID 表.txt"文件，单击【导入】按钮，弹出【文本导入向导-第 1 步，共 3 步】对话框，如图 2-4 所示。

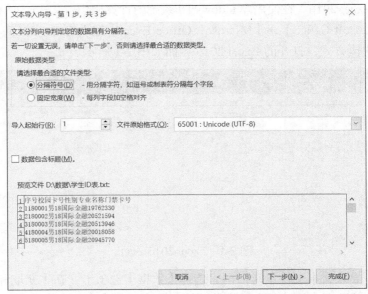

图 2-4　【文本导入向导-第 1 步，共 3 步】对话框

（4）选择合适的文件类型。在【文本导入向导-第1步，共3步】对话框中，默认选择【分隔符号】单选按钮，单击【下一步】按钮，弹出【文本导入向导-第2步，共3步】对话框，如图2-5所示。

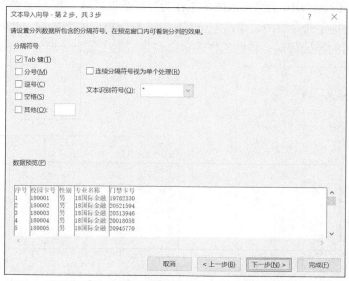

图2-5 【文本导入向导-第2步，共3步】对话框

（5）选择合适的分隔符号。在【文本导入向导-第2步，共3步】对话框中，勾选【空格】复选按钮，单击【下一步】按钮，弹出【文本导入向导-第3步，共3步】对话框，如图2-6所示。

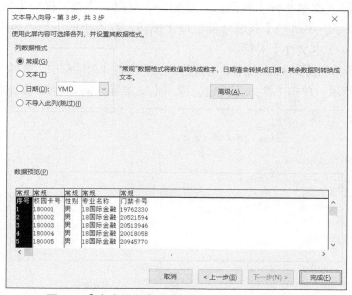

图2-6 【文本导入向导-第3步，共3步】对话框

（6）选择列数据格式。在【文本导入向导-第3步，共3步】对话框中，由于数据有不同的类型，默认选择【常规】单选按钮，即可兼容。

（7）设置数据的放置位置并确定导入数据。单击图 2-6 中的【完成】按钮，在弹出的【导入数据】对话框中默认选择【现有工作表】单选按钮，单击 ⬆ 按钮，选择单元格 A1，单击 ⬇ 按钮回到【导入数据】对话框，如图 2-7 所示。单击【确定】按钮。

导入数据后，Excel 2016 会将导入的数据作为外部数据区域，当原始数据有改动时，在【数据】选项卡的【连接】命令组中，单击【全部刷新】按钮可以刷新数据，此时 Excel 2016 中的数据会变成改动后的原始数据。将此工作表重命名为"学生信息（原始）"，如图 2-8 所示。

图 2-7 【导入数据】对话框

图 2-8 重命名为"学生信息（原始）"

2.2 获取消费记录数据

在 Excel 2016 中导入"消费记录表.csv"文件中数据的具体操作步骤如下。

（1）打开【导入文本文件】对话框。新建一个空白工作表，选择【数据】选项卡，在【获取和转换】命令组中单击【获取外部数据】按钮，在弹出的下拉列表中选择【自文本】选项，弹出【导入文本文件】对话框。

（2）选择要导入数据的 CSV 文件。在【导入文本文件】对话框中，选择"消费记录表.csv"文件，如图 2-9 所示。单击【导入】按钮，弹出【文本导入向导-第 1 步，共 3 步】对话框。

图 2-9 【导入文本文件】对话框

（3）选择合适的文件类型。在【文本导入向导-第 1 步，共 3 步】对话框中，默认选择【分隔符号】单选按钮，如图 2-10 所示。单击【下一步】按钮，弹出【文本导入向导-第 2步，共 3 步】对话框。

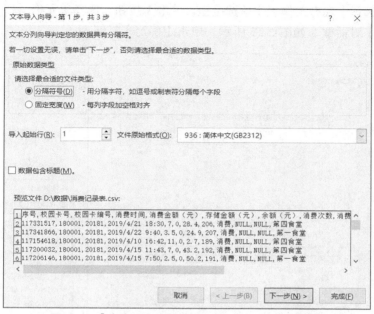

图 2-10　【文本导入向导-第 1 步，共 3 步】对话框

（4）选择合适的分隔符号。在【文本导入向导-第 2 步，共 3 步】对话框中，勾选【逗号】复选框，如图 2-11 所示。单击【下一步】按钮，弹出【文本导入向导-第 3 步，共 3步】对话框。

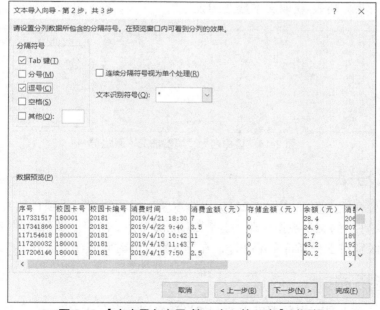

图 2-11　【文本导入向导-第 2 步，共 3 步】对话框

Excel 数据分析实务

（5）选择列数据格式。在【文本导入向导-第 3 步，共 3 步】对话框中，默认选择【常规】单选按钮，如图 2-12 所示。

（6）设置数据的放置位置并确定导入数据。单击【完成】按钮，在弹出的【导入数据】对话框中默认选择【现有工作表】单选按钮，单击⬆按钮，选择单元格 A1，单击▣按钮回到【导入数据】对话框，如图 2-13 所示。单击【确定】按钮。

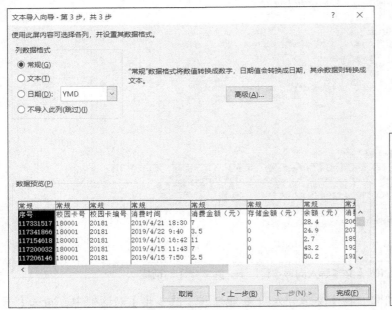

图 2-12 【文本导入向导-第 3 步，共 3 步】对话框

图 2-13 【导入数据】对话框

将此工作表重命名为"消费情况（原始）"，得到的数据如图 2-14 所示。并将此工作簿保存为"消费行为分析表-获取文本数据.xlsx"。

图 2-14 重命名为"消费情况（原始）"

项目总结

本项目主要介绍如何在 Excel 2016 中获取学生校园消费行为项目的文本数据，包括 TXT 和 CSV 文件中的文本数据，即"学生 ID 表.txt"和"消费记录表.csv"2 个文件。这 2 个文件的主要区别在于分隔符号不一样，在导入数据的时候需注意区分。

技能拓展

很多时候，数据是存在数据库中的。如果消费记录表存在 Access 数据库中，那么在

Excel 2016 中导入 Access 数据库中数据的具体操作步骤如下。

（1）导入 Access 文件中的数据。新建一个空白工作簿，选择【数据】选项卡，在【获取和转换】命令组中单击【获取外部数据】按钮，在弹出的下拉列表中选择【自 Access】选项，弹出的【选择数据源】对话框，如图 2-15 所示。选择要导入的文件后单击【导入】按钮，在弹出的【导入数据】对话框中默认选择【现有工作表】单选按钮，单击▲按钮，选择单元格 A1，单击▦按钮回到【导入数据】对话框，如图 2-16 所示。单击【确定】按钮，即可将 Access 文件中的数据导入新工作表中，如图 2-17 所示。

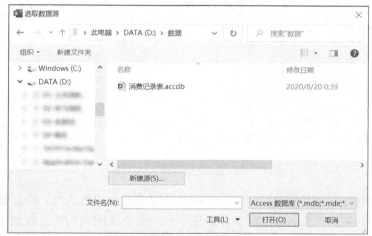

图 2-15　选中要导入的文件　　　　　　　　　图 2-16　【导入数据】对话框

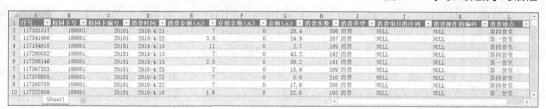

图 2-17　数据在新工作表中

（2）重命名工作表。双击【Sheet1】工作表将其更改为"消费情况（原始）"，如图 2-18 所示。

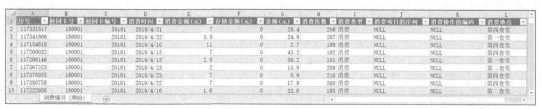

图 2-18　重命名工作表

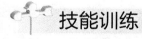

技能训练

1. 训练目的

为了解学生的学习时长，更好地掌握学生的学习情况，需要在 Excel 2016 中对进出

Excel 数据分析实务

宿舍和进出教学楼的记录进行分析，因此需要将"进出记录表.csv"文件中的数据导入 Excel 2016 中。

2. 训练要求

导入"进出记录表.csv"文件中的数据，并将工作表重命名为"进出情况（原始）"，将文件另存为"进出情况（原始）.xlsx"，最终得到的工作表如图 2-19 所示。

	A	B	C	D	E	F
1	序号	门禁卡号	进出门时间	进出门地址	进出门状态标识	进出门状态描述
2	1330906	25558880	2019/4/1 0:00	第六教学楼[进门]	1	允许通过
3	1330907	18413143	2019/4/1 0:02	第六教学楼[出门]	1	允许通过
4	1331384	11642752	2019/4/1 0:00	飞凤轩[进门]	1	允许通过
5	1330908	24124155	2019/4/1 0:00	第六教学楼[出门]	1	允许通过
6	1331385	18629328	2019/4/1 0:11	飞凤轩[进门]	1	允许通过
7	1331386	22239680	2019/4/1 0:00	飞凤轩[出门]	1	允许通过
8	1331387	18262967	2019/4/1 0:14	飞凤轩[进门]	1	允许通过
9	1330909	10119856	2019/4/1 0:15	第六教学楼[进门]	1	允许通过
10	1331388	22239680	2019/4/1 0:15	飞凤轩[进门]	1	允许通过

进出情况（原始）

图 2-19 "进出情况（原始）"工作表

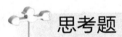 思考题

【导读】个人信息是互联网经济最宝贵的资源之一，不仅是商业竞争的着力点，而且是众多诈骗活动的"金矿"。近年来，个人信息泄露事件屡见不鲜。不论是网上购物、收发邮件还是注册 App 账号，都有可能将自己的姓名、身份证号、电话号码、家庭住址等隐私信息置于被泄露的风险之中。全国网民因个人信息泄露造成的经济损失越来越大。为此，我国于 2016 年 11 月 7 日颁布了《中华人民共和国网络安全法》，要求网络运营者应当对其收集的用户信息严格保密，并建立健全的用户信息保护制度。

【思考题】假如您是一个科技公司的负责人，您公司的业务涉及客户的个人信息，您该采取哪些有效的措施去保护客户的个人信息？

第三篇 数据处理

项目 ③ 制作消费金额的 描述性统计分析表

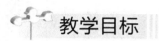

教学目标

1. 技能目标

（1）能对消费金额数据进行描述性统计分析。

（2）能美化工作表。

2. 知识目标

（1）掌握 AVERAGE 函数、VARP 函数、MAX 函数、MIN 函数、MEDIAN 函数的使用方法。

（2）掌握描述性统计分析表的制作方法。

（3）掌握描述性统计分析表的美化方法。

3. 素养目标

（1）培养学生实事求是的科学态度，不唯上、不唯书、只唯实。

（2）引导学生解决问题要讲求效率，合理利用时间。

（3）引导学生不偏激、不极端，学会理性、客观、量化的科学认知方法。

项目背景

针对"消费行为分析表-获取文本数据.xlsx"工作簿，需要了解数据的基本情况，以便进行更深入的处理。描述性统计分析可以使用平均数、中位数、众数等指标，较好地分析出数据的基本情况。因此本项目选择消费金额项，通过函数计算出消费金额的描述性统计分析各项指标，并制作成表。

项目目标

（1）在"消费行为分析表-获取文本数据.xlsx"工作簿的【消费情况（原始）】工作表中，计算消费金额的平均值、方差、最大值、最小值、中位数。

（2）制作消费金额的描述性统计分析表。

 思维导图

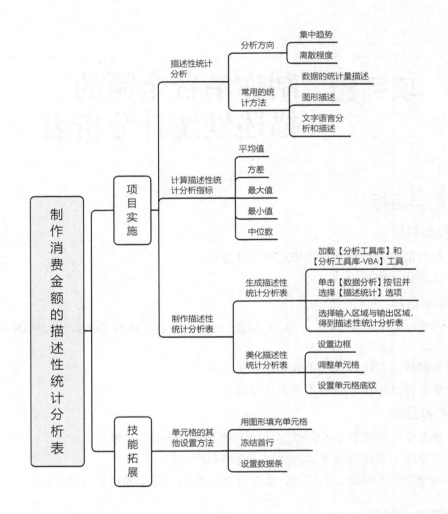

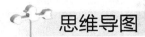 目标分析

（1）使用 AVERAGE 函数求出消费金额的平均值。

（2）使用 VARP 函数求出消费金额的方差。

（3）使用 MAX 函数求出消费金额的最大值。

（4）使用 MIN 函数求出消费金额的最小值。

（5）使用 MEDIAN 函数求出消费金额的中位数。

（6）通过数据分析功能制作描述性统计分析表。

（7）通过设置边框、调整单元格、设置单元格底纹美化描述性统计分析表。

项目实施

3.1 认识描述性统计分析

描述性统计分析是用于概括、表述事物整体状况以及事物间关联、类属关系的统计方法。通过统计处理可以简洁地用几个统计值来表示一组数据的集中性和离散型（波动性大小），通常从集中趋势和离散程度两个方面进行分析，具体介绍如下。

（1）集中趋势。主要用于反映数据的一般水平，常用的指标有平均值、中位数和众数等。

（2）离散程度。主要用于反映数据之间的差异程度，常用的指标有方差和标准差等。

常见的描述性统计方法可分为以下 3 类。

（1）用数据的统计量描述，如平均值、标准差等。

（2）用图形描述，如直方图、散布图、趋势图、排列图、条形图和饼图等。

（3）用文字语言分析和描述，如统计分析表、分层、因果图、亲和图和流程图等。

对数据进行描述性统计分析，可以检查数据的缺失情况，识别出可能的异常值等。

3.2 计算消费金额的描述性统计分析各项指标

在"消费行为分析表-获取文本数据.xlsx"工作簿的"消费情况（原始）"工作表中，使用不同函数计算消费金额的平均值、方差、最大值、最小值和中位数。

3.2.1 计算平均值

AVERAGE 函数可以计算数据的平均值，其使用格式如下。

```
AVERAGE(number1, number2, ...)
```

AVERAGE 函数的参数及其解释如表 3-1 所示。

表 3-1　AVERAGE 函数的参数及其解释

参数	参数解释
number1	必需。要计算平均值的第一个数字、单元格引用或单元格区域
number2,...	可选。要计算平均值的第 2～255 个数字、单元格引用或单元格区域，最多可包含 255 个

在"消费行为分析表-获取文本数据.xlsx"工作簿中，使用 AVERAGE 函数计算消费金额的平均值。具体操作步骤如下。

（1）打开"消费情况（原始）"工作表，如图 3-1 所示。

（2）输入"消费金额的均值:"。在"消费情况（原始）"工作表的单元格 N2 中，输入"消费金额的均值:"，如图 3-2 所示。

（3）输入公式。选择单元格 O2，输入"=AVERAGE(E:E)"，如图 3-3 所示。

图 3-1 "消费情况（原始）"工作表

图 3-2 输入"消费金额的均值："　　　　图 3-3 输入"=AVERAGE(E:E)"

（4）确定公式。按【Enter】键，即可计算得到消费金额的平均值，如图 3-4 所示。

（5）设置单元格格式。右键单击单元格 O2，在弹出的快捷菜单中选择【设置单元格格式】命令，如图 3-5 所示。在【数字】选项卡的【分类】列表框中，选择【数值】选项，并将小数位数设置为 1，如图 3-6 所示。

图 3-4 得到的消费金额的平均值

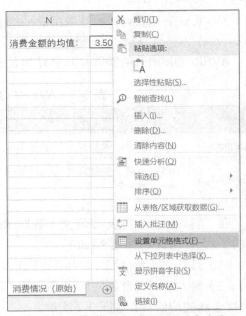

图 3-5 选择【设置单元格格式】命令

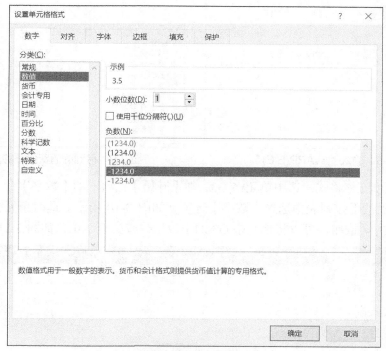

图 3-6　设置单元格格式

3.2.2　计算方差

VARP 函数可用于计算数据的方差，其使用格式如下。

```
VARP(number1, number2, ...)
```

VARP 函数的参数及其解释如表 3-2 所示。

表 3-2　VARP 函数的参数及其解释

参数	参数解释
number1	必需。表示对应于数据的第 1 个数值参数，可以是数字、包含数字的名称、数组或单元格引用
number2,...	可选。表示对应于数据的第 2～255 个数值参数，即可以像参数 number1 那样最多指定 254 个参数

在"消费行为分析表-获取文本数据.xlsx"工作簿中，使用 VARP 函数计算消费金额的方差。具体操作步骤如下。

（1）输入"消费金额的方差:"。在"消费情况（原始）"工作表的单元格 N3 中，输入"消费金额的方差:"，如图 3-7 所示。

（2）输入公式。选择单元格 O3，输入"=VARP(E:E)"，如图 3-8 所示。

（3）确定公式。按【Enter】键，即可计算得到消费金额的方差，如图 3-9 所示。

图 3-7　输入"消费金额的方差:"

19

图 3-8　输入 "=VARP(E:E)"　　　　图 3-9　得到的消费金额的方差

（4）设置单元格格式。选中单元格 O3，在【开始】选项卡的【数字】命令组中，单击
·按钮，在弹出的下拉列表中选择【数字】选项，如图 3-10 所示。此时单元格 O3 的小数
位数为 2。单击 按钮，可以将单元格 O3 的小数位数减少至 1 位，如图 3-11 所示。

图 3-10　选择【数字】选项

图 3-11　减少单元格 O3 的小数位数

3.2.3　计算最大值

MAX 函数可以返回数据中的最大值，其使用格式如下。

```
MAX(number1, number2, ...)
```

MAX 函数的参数及其解释如表 3-3 所示。

表 3-3　MAX 函数的参数及其解释

参数	参数解释
number1	必需。表示要查找最大值的第 1 个数字参数，可以是数字、数组或单元格引用
number2,...	可选。表示要查找最大值的第 2～255 个数字参数，即可以像参数 number1 那样最多指定 254 个参数

在"消费行为分析表-获取文本数据.xlsx"工作簿中，使用 MAX 函数计算消费金额的最大值。具体操作步骤如下。

（1）输入"消费金额的最大值:"。在"消费情况（原始）"工作表的单元格 N4 中，输入"消费金额的最大值:"，如图 3-12 所示。

（2）输入公式。选择单元格 O4，输入"=MAX(E:E)"，如图 3-13 所示。

图 3-12　输入"消费金额的最大值:"　　　　图 3-13　输入"=MAX(E:E)"

（3）确定公式。按【Enter】键，即可计算得到消费金额的最大值，如图 3-14 所示。

图 3-14　得到的消费金额的最大值

3.2.4　计算最小值

MIN 函数可以返回数据中的最小值，其使用格式如下。

```
MIN(number1,number2,...)
```

MIN 函数的参数及其解释如表 3-4 所示。

表 3-4　MIN 函数的参数及其解释

参数	参数解释
number1	必需。表示要查找最小值的第 1 个数字参数，可以是数字、数组或单元格引用
number2,...	可选。表示要查找最小值的第 2～255 个数字参数，即可以像参数 number1 那样最多指定 254 个参数

在"消费行为分析表-获取文本数据.xlsx"工作簿中，使用 MIN 函数计算消费金额的最小值。具体操作步骤如下。

（1）输入文本。在"消费情况（原始）"工作表的单元格 N5 中，输入"消费金额的最小值:"，如图 3-15 所示。

（2）输入公式。选择单元格 O5，输入"=MIN(E:E)"，如图 3-16 所示。

图 3-15　输入"消费金额的最小值:"　　　　图 3-16　输入"=MIN(E:E)"

（3）确定公式。按【Enter】键，即可计算得到消费金额的最小值，如图 3-17 所示。

图 3-17　得到的消费金额的最小值

3.2.5　计算中位数

MEDIAN 函数可以返回数据中的中位数。中位数是指在一组数值中居于中间的数值，当数值集合中包含偶数个数值时，MEDIAN 函数将返回位于中间的两个数的平均值。MEDIAN 函数的使用格式如下。

```
MEDIAN(number1, number2, ...)
```

MEDIAN 函数的参数及其解释如表 3-5 所示。

表 3-5　MEDIAN 函数的参数及其解释

参数	参数解释
number1	必需。表示要计算中位数的第 1 个数值集合，可以是数字、包含数字的名称、数组或引用
number2,...	可选。表示要计算中位数的第 2～255 个数值集合，即可以像参数 number1 那样指定 254 个参数

项目 ③   制作消费金额的描述性统计分析表

在"消费行为分析表-获取文本数据.xlsx"工作簿中，使用 MEDIAN 函数计算消费金额的中位数。具体操作步骤如下。

（1）输入"消费金额的中位数："。在"消费情况（原始）"工作表的单元格 N6 中，输入"消费金额的中位数："，如图 3-18 所示。

（2）输入公式。选择单元格 O6，输入"=MEDIAN(E:E)"，如图 3-19 所示。

图 3-18   输入"消费金额的中位数："   图 3-19   输入"=MEDIAN(E:E)"

（3）确定公式。按【Enter】键，即可计算得到消费金额的中位数，如图 3-20 所示。

	L	M	N	O
1	消费地点			
2	第四食堂		消费金额的均值：	3.5
3	第一食堂		消费金额的方差：	32.4
4	第四食堂		消费金额的最大值：	300
5	第四食堂		消费金额的最小值：	0
6	第一食堂		消费金额的中位数：	2.5
7	第二食堂			
8	第四食堂			
9	第四食堂			
10	第二食堂			

图 3-20   得到的消费金额的中位数

3.3   制作描述性统计分析表

为了更好地展示数据的各项值，可以使用 Excel 数据分析中的描述性统计功能进行一项或多项数据的分析。在 3.2 节中计算了消费金额的描述性统计分析各项指标，通过 Excel 的描述性统计功能可以直接生成描述性统计分析表，该方法更便捷。对生成的描述性统计分析表进行美化，实现更美观地查看消费金额的平均值、方差、最大值、最小值和中位数等值。

3.3.1   生成描述性统计分析表

在【数据】选项卡的【分析】命令组中，如果没有图 3-21 所示的【数据分析】按钮，那么可以通过以下方式调出。

图 3-21   【数据分析】按钮

23

Excel 数据分析实务

（1）选择【文件】选项卡，打开图 3-22 所示界面。

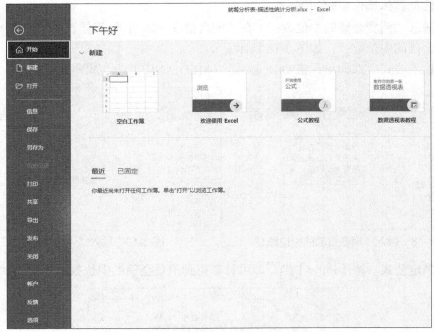

图 3-22 【文件】选项卡

（2）选择【选项】选项，打开图 3-23 所示对话框。

图 3-23 【Excel 选项】对话框

（3）选择【加载项】选项，单击【转到】按钮，如图 3-24 所示。

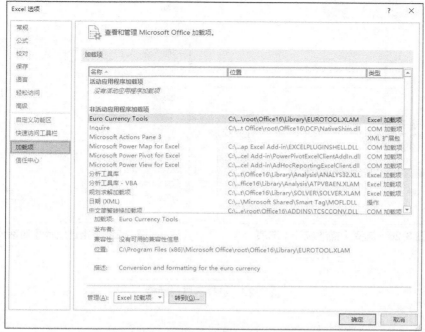

图 3-24　单击【转到】按钮

（4）在弹出的对话框中，勾选【分析工具库】和【分析工具库-VBA】复选框，如图 3-25 所示。然后单击【确定】按钮。此时，在【数据】选项卡中，即可看到【分析】命令组中的【数据分析】按钮。

使用 Excel 2016 数据分析中的描述性统计功能，对消费金额进行描述性统计分析，并形成描述性统计分析表。具体操作步骤如下。

（1）新建一个工作表，并重命名为"描述性统计分析表"，在【数据】选项卡的【分析】命令组中，单击【数据分析】按钮。

（2）选择【描述统计】选项。在弹出的【数据分析】对话框中，选择【描述统计】选项，单击【确定】按钮，如图 3-26 所示。

图 3-25　勾选分析工具库相应的复选框

（3）设置描述统计参数。在弹出的【描述统计】对话框中，设置相关参数，如图 3-27 所示。具体操作步骤如下。

① 设置【输入区域】：单击 ⬆ 按钮，弹出图 3-28 所示的对话框后，单击"消费情况（原始）"工作表，选中 E 列，即"消费金额（元）"列，如图 3-29 所示；单击 🔲 按钮，回到【描述统计】对话框。

② 勾选【标志位于第一行】复选框。

③ 设置【输出区域】为单元格 A1。

④ 勾选【汇总统计】复选框，此时效果如图 3-30 所示。

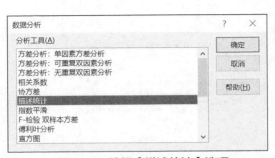

图 3-26 选择【描述统计】选项

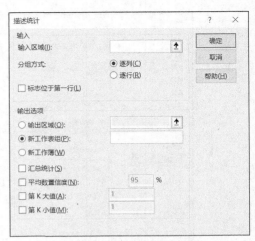

图 3-27 【描述统计】对话框

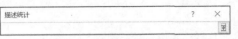

图 3-28 选择区域对话框

图 3-29 选择"消费情况（原始）"工作表的 E 列

（4）完成消费金额的描述性统计分析表。单击【确定】按钮，即可在"描述性统计分析表"工作表中生成消费金额的描述性统计分析表；设置单元格 B3、B4、B7、B8、B9、B10、B14 的格式为数值类型，保留 1 位小数，如图 3-31 所示。

图 3-30 设置描述统计参数后的效果

图 3-31 消费金额的描述性统计分析表

3.3.2 美化描述性统计分析表

为了更清晰和美观地体现描述性分析统计表内的各项数据，需要对消费金额的描述性统计分析表格式进行不同的设置。

1. 设置边框

在"描述性统计分析表"工作表中设置描述性分析统计表的边框。具体操作步骤如下。

（1）设置线条颜色。选中单元格区域 A1:B15，在【开始】选项卡的【字体】命令组中，单击 ⊞ 图标的倒三角按钮，在弹出的下拉列表的【绘制边框】中选择【线条颜色】选项，选择黑色，如图 3-32 所示。

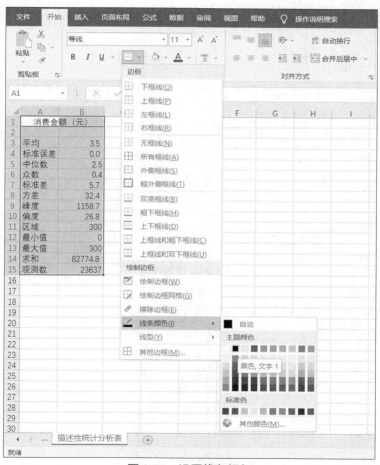

图 3-32 设置线条颜色

（2）设置线型。在【开始】选项卡的【字体】命令组中，单击 ⊞ 图标的倒三角按钮，在弹出的下拉列表的【绘制边框】中选择【线型】选项，选择第 8 种线型，如图 3-33 所示。

（3）设置边框。在【开始】选项卡的【字体】命令组中，单击 ⊞ 图标的倒三角按钮，选择【所有框线】选项即可添加所有框线。得到的效果如图 3-34 所示。

图 3-33　设置线型

	A	B
1	消费金额（元）	
2		
3	平均	3.5
4	标准误差	0.0
5	中位数	2.5
6	众数	0.4
7	标准差	5.7
8	方差	32.4
9	峰度	1158.7
10	偏度	26.8
11	区域	300
12	最小值	0
13	最大值	300
14	求和	82774.8
15	观测数	23637

图 3-34　添加所有框线后的效果

2. 调整单元格

在"描述性统计分析表"工作表中调整单元格，如合并单元格、设置垂直居中、设置行高和列宽等。具体操作步骤如下。

（1）合并单元格。选中单元格区域 A1:B2，在【开始】选项卡的【对齐方式】命令组中，单击【合并后居中】按钮即可合并单元格，如图 3-35 所示。

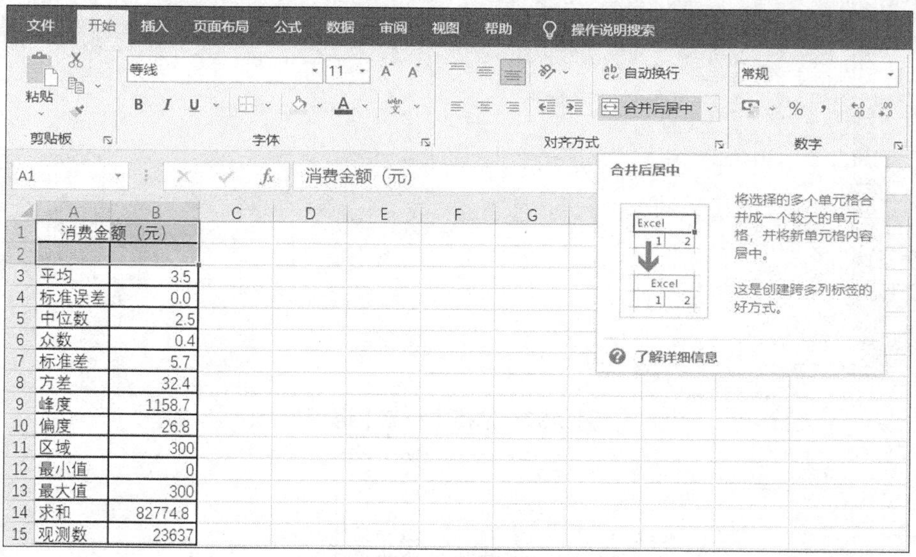

图 3-35　合并单元格

（2）设置垂直居中。选中单元格区域 A1:B15，在【开始】选项卡的【对齐方式】命令组中，单击▤图标即可设置垂直居中，如图 3-36 所示。

图 3-36　设置垂直居中

（3）选择【行高】选项。选中单元格区域 A1:B15，在【开始】选项卡的【单元格】命令组中，单击【格式】按钮，选择【行高】选项，如图 3-37 所示。

（4）设置行高。将行高改为 20，如图 3-38 所示。得到的效果如图 3-39 所示。

（5）设置列宽。在【开始】选项卡的【单元格】命令组中，单击【格式】按钮，选择【列宽】选项，将列宽改为 10。得到的效果如图 3-40 所示。

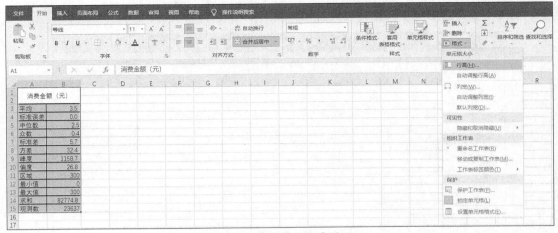

图 3-37　选择【行高】选项

图 3-38　设置行高

图 3-39　设置行高后的效果

图 3-40　设置列宽后的效果

3. 设置单元格底纹

在"描述性统计分析表"工作表中设置单元格底纹。具体操作步骤如下。

（1）设置单元格 A1 的颜色。选中单元格 A1，在【开始】选项卡的【样式】命令组中，单击【单元格样式】按钮，选择【浅黄,60%-着色 4】选项，如图 3-41 所示。

（2）双色填充单元格。具体操作步骤如下。

① 选择单元格区域 A3:B3、A5:B5、A7:B7、A9:B9、A11:B11、A13:B13、A15:B15，单击【开始】选项卡的【字体】命令组右下角的 按钮，弹出【设置单元格格式】对话框，选择【填充】选项卡，如图 3-42 所示。

图 3-41　设置单元格颜色

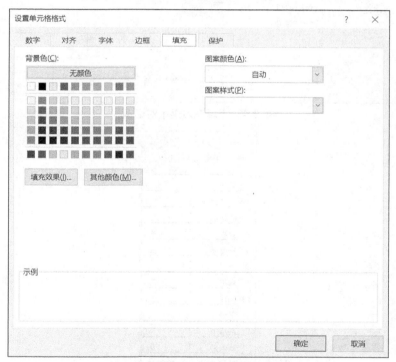

图 3-42　【设置单元格格式】对话框

② 单击【填充效果】按钮，在弹出的【填充效果】对话框中单击【颜色 1】下拉列表框的∨按钮，在弹出的下拉列表中选择【白色】；单击【颜色 2】下拉列表框的∨按钮，在弹出的下拉列表中选择【金色,个性色 4，淡色 60%】，如图 3-43 所示。

（3）单击【确定】按钮，返回【设置单元格格式】对话框，再次单击【确定】按钮，得到的效果如图 3-44 所示。此时，将工作簿另存为"消费行为分析表-描述统计分析.xlsx"工作簿。

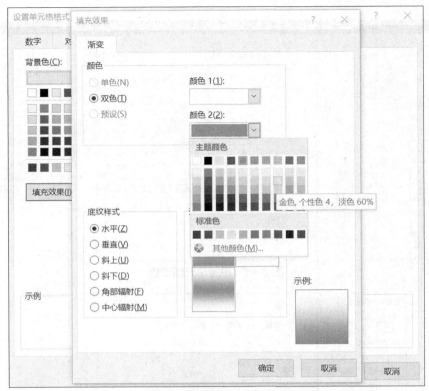

图 3-43 【填充效果】对话框

	消费金额（元）
平均	3.5
标准误差	0.0
中位数	2.5
众数	0.4
标准差	5.7
方差	32.4
峰度	1158.7
偏度	26.8
区域	300
最小值	0
最大值	300
求和	82774.8
观测数	23637

图 3-44 双色填充单元格后的效果

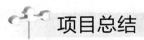 项目总结

本项目先介绍了什么是描述性统计分析，然后通过 Excel 2016 中的函数和数据分析两种方法，介绍了如何对学生校园消费行为项目的消费金额进行描述性统计分析，最后介绍了如何对描述性统计分析表进行美化。

技能拓展

在 Excel 2016 中，对单元格的设置方法有很多，除了 3.3.2 小节介绍的方法外，还可以通过图案填充单元格；当数据的行数和列数很多时，可以通过冻结首行或首列的方法，便捷地查看行或列的关键信息；对于数值类型的数据，可以通过设置数据条直观地查看数据值的大小情况。

1. 用图形填充单元格

除了可以用单色或双色填充单元格，还可以用图案填充单元格。在"消费行为分析表-描述统计分析.xlsx"工作簿的"消费情况（原始）"工作表中，对单元格区域 N2:O6 进行图案填充。具体操作步骤如下。

（1）选择图案颜色。选中单元格区域 N2:O6，单击【开始】选项卡的【字体】命令组右下角的 按钮，弹出【设置单元格格式】对话框，选择【填充】选项卡，设置【图案颜色】为【金色,个性色 4】，如图 3-45 所示。

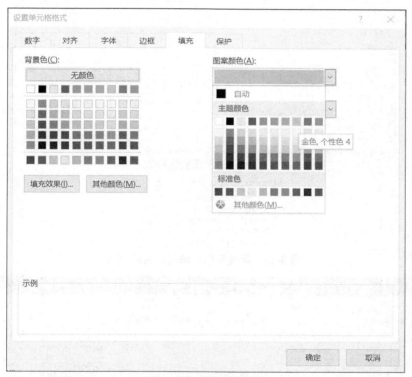

图 3-45 选择图案颜色

（2）选择图案样式。设置【图案样式】为【12.5%灰色】，如图 3-46 所示。单击【确定】按钮，得到的效果如图 3-47 所示。

2. 冻结首行

在"消费行为分析表-描述统计分析.xlsx"工作簿的"消费情况（原始）"工作表中，行数为 23638，列数为 14，当查看超过页面显示的行的数据时，很容易忘记每一列的列名。

因此，需要通过冻结首行的方式，使得不管查看第几行的数据，都能一直显示第一行的列名。具体操作步骤为：选择第一行中的任意一个单元格，在【视图】选项卡的【窗口】命令组中，单击【冻结窗格】按钮，在弹出的下拉列表中选择【冻结首行】选项，如图 3-48 所示。此时效果如图 3-49 所示。

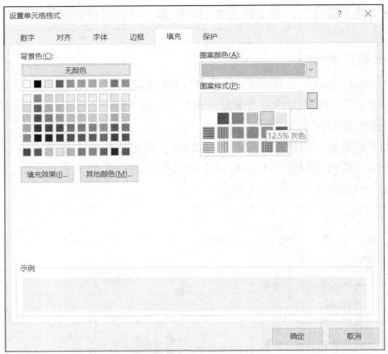

图 3-46　选择图案样式

	N	O
2	消费金额的均值:	3.5
3	消费金额的方差:	32.4
4	消费金额的最大值:	300
5	消费金额的最小值:	0
6	消费金额的中位数:	2.5

图 3-47　用图案填充单元格后的效果

图 3-48　选择【冻结首行】选项

	A	B	C	D	E	F	G	H	I	J	K
1	序号	校园卡号	校园卡编号	消费时间	消费金额（元）	存储金额（元）	余额（元）	消费次数	消费类型	消费项目的序列号	消费操作的编码
11	117225959	180001	20181	2019/4/17 0:00	3.6	0	13	199	消费		2.02E+13	NULL
12	117229404	180001	20181	2019/4/16 7:46	2	0	30.6	196	消费	NULL	NULL
13	117247387	180001	20181	2019/4/16 11:43	7	0	23.6	197	消费	NULL	NULL
14	117248328	180001	20181	2019/4/15 17:53	7	0	36.2	193	消费	NULL	NULL
15	117248388	180001	20181	2019/4/16 17:44	7	0	16.6	198	消费	NULL	NULL
16	117248411	180001	20181	2019/4/17 11:33	7	0	6	200	消费	NULL	NULL
17	117261124	180001	20181	2019/4/16 7:43	2	0	34.2	194	消费	NULL	NULL
18	117263188	180001	20181	2019/4/18 12:21	0	50	54.5	202	存款	NULL	NULL
19	117286048	180001	20181	2019/4/19 11:40	0	0	35.4	205	消费	NULL	NULL

学生信息（原始） 消费情况（原始） 描述性统计分析表

图 3-49 冻结首行后的效果

3. 设置数据条

在观察大量数据中的较大值和较小值时，可以使用数据条。数据条可以直观地显示单元格中值的大小，数据条的长度代表单元格中值的大小，数据条越长，表示值越大。

在"消费行为分析表-描述统计分析.xlsx"工作簿的"消费情况（原始）"工作表中，使用【浅蓝色数据条】直观显示消费金额数据。具体操作步骤为：选中 E 列，在【开始】选项卡的【样式】命令组中，单击【条件格式】按钮，在弹出的下拉列表中选择【数据条】选项，选择【渐变填充】选项中的【浅蓝色数据条】，即可直观显示消费金额数据，如图 3-50 所示。得到的效果如图 3-51 所示。

图 3-50 选择浅蓝色数据条

	A	B	C	D	E
1	序号	校园卡号	校园卡编号	消费时间	消费金额（元）
2	117331517	180001	20181	2019/4/21 18:30	7
3	117341866	180001	20181	2019/4/22 9:40	3.5
4	117154618	180001	20181	2019/4/10 16:42	11
5	117200032	180001	20181	2019/4/15 11:43	7
6	117206146	180001	20181	2019/4/15 7:50	2.5
7	117367323	180001	20181	2019/4/23 9:52	2
8	117378955	180001	20181	2019/4/23 11:53	7
9	117380758	180001	20181	2019/4/22 17:42	7
10	117222956	180001	20181	2019/4/16 7:44	1.6
11	117225959	180001	20181	2019/4/17 0:00	3.6

图 3-51 设置数据条后的效果

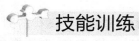
技能训练

1. 训练目的

（1）分析"消费行为分析表-获取文本数据.xlsx"工作簿的"消费情况（原始）"工作

表中的"存储金额（元）"列。使用函数求出存储金额的平均值、方差、最大值、最小值和中位数，得到的结果如图 3-52 所示。

（2）在新的工作表中，制作存储金额的描述性统计分析表，对该表进行格式设置并美化，得到的效果如图 3-53 所示。

	A	B
1	存储金额（元）	
2		
3	平均	3.5
4	标准误差	0.1
5	中位数	0
6	众数	0
7	标准差	21.0
8	方差	441
9	峰度	61.2
10	偏度	7.2
11	区域	300
12	最小值	0
13	最大值	300
14	求和	82057.4
15	观测数	23637

描述性统计分析表

	N	O
2	存储金额的均值：	3.5
3	存储金额的方差：	441
4	存储金额的最大值：	300
5	存储金额的最小值：	0
6	存储金额的中位数：	0

图 3-52　使用函数计算存储金额的指标的结果　　图 3-53　存储金额的描述性统计分析表

2. 训练要求

（1）在"消费情况（原始）"工作表中，使用 AVERAGE 函数计算"存储金额（元）"的平均值，并保留 1 位小数。

（2）在"消费情况（原始）"工作表中，使用 VARP 函数计算"存储金额（元）"的方差，不保留小数。

（3）在"消费情况（原始）"工作表中，使用 MAX 函数计算"存储金额（元）"的最大值。

（4）在"消费情况（原始）"工作表中，使用 MIN 函数计算"存储金额（元）"的最小值。

（5）在"消费情况（原始）"工作表中，使用 MEDIAN 函数计算"存储金额（元）"的中位数。

（6）在新建的"描述性统计分析表"工作表中，使用 Excel 2016 数据分析中的描述性统计功能，基于"消费情况（原始）"工作表的"存储金额（元）"列，制作描述性统计分析表。将单元格 B3、B4、B7、B9、B10 的格式设置为数值类型，并保留 1 位小数；将单元格 B8 的格式设置为数值类型，不保留小数。

（7）在"描述性统计分析表"工作表中，合并单元格区域 A1:B2，对单元格区域 A1:B15 设置垂直居中。

（8）在"描述性统计分析表"工作表中，选中单元格区域 A1:B15，单击 田· 图标的倒三角按钮，在弹出的下拉列表中选择【其他边框】选项，弹出【设置单元格格式】对话框，如图 3-54 所示。在【设置单元格格式】对话框中，设置线条颜色为【蓝色,个性色 1】，在【预置】中选择【内部】；将线型改为双实线，在【预置】中选择【外边框】。

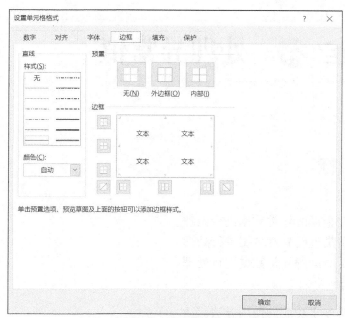

图 3-54 【设置单元格格式】对话框

（9）在"描述性统计分析表"工作表中，将所有行的行高设为 20，A 列和 B 列的列宽设为 10。

（10）在"描述性统计分析表"工作表中，将单元格 A1 填充为【金色,个性色 4，淡色 40%】；将单元格区域 A3:B3、A5:B5、A7:B7、A9:B9、A11:B11、A13:B13、A15:B15 填充为【金色,个性色 4，淡色 80%】；将单元格区域 A4:B4、A6:B6、A8:B8、A10:B10、A12:B12、A14:B14 的图案颜色设为【金色,个性色 4，淡色 80%】、图案样式设为【细 逆对角线 条纹】。

思考题

【导读】正可谓"细节决定成败"，细心的重要性和可贵性每个人都应该知道。很多时候，一个人的严谨和敬业精神会通过生活和工作中的小细节折射出来。通过细心地观察可以发现很多意想不到的细节，会给人们带来不一样的成就。

有一个很经典的案例，国外某超市的销售人员对超市的销售数量设定跟踪，有一次发现了一个很奇怪的现象：啤酒与尿不湿的销量在周末总会出现成比例增长。销售人员立即对这个现象进行了分析和讨论，并且派出专门的人员在卖场内进行全天的观察。经观察发现这些顾客有以下共同的特点：①一般是周末出现这种情况；②购买者以已婚男士为主；③购买者家中有孩子且不到两岁，有尿不湿的需求；④购买者喜欢看体育比赛节目，并且喜欢边喝啤酒边看，有喝啤酒的需求；⑤周末是体育比赛较多的日子。所以这种关联销售多出现在周末的时候。

销售人员从中受到启发，对超市的物品摆放进行了调整，将卖场内原来相隔很远的妇婴用品区与酒类饮料区的空间距离拉近，减少顾客的行走时间，将啤酒与尿不湿摆放在一起，同时将牛肉干等一些简便的下酒食品也摆放在一起。经过一年的销售，营业额得到了很大的增长。

【思考题】假如您是一家超市的销售人员，现在有一款新的饮料刚刚上架，请问您准备做哪些工作呢？

项目 ④ 处理异常值

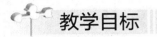
教学目标

1. 技能目标

（1）能对消费金额的异常数据进行处理。

（2）能对消费类型的异常数据进行处理。

（3）能对消费时间的异常数据进行处理。

2. 知识目标

（1）掌握【排序】功能的使用方法。

（2）掌握【数据透视表】的使用方法。

（3）掌握 TEXT 函数、HOUR 函数、WEEKDAY 函数的使用方法。

（4）掌握【筛选】功能的使用方法。

3. 素养目标

（1）引导学生掌握发现问题的能力，形成仔细严谨的工作作风，培育新时期的工匠精神。

（2）培养学生养成不畏难的攻坚精神，养成高度的责任心。

（3）使学生明白没有完美的人或事，要理性、客观地看待社会存在的问题，事物是在实践中被逐步优化的。

项目背景

对数据进行分析，如果存在异常值，那么分析结果可能会不准确，因此针对"消费情况（原始）"工作表的原始数据，查看并删除异常值将显得非常重要。一般情况下，学生在食堂消费不会过高，消费时间也应在食堂的正常营业时间内，当出现超过最大消费金额或非营业时间的消费记录时，说明这部分数据为异常数据。因此需要对"消费情况（原始）"工作表中的"消费金额（元）""消费类型""消费时间"列进行异常值分析，并删除存在的异常值。只有用普遍联系的、全面系统的、发展变化的观点观察事物，才能把握事物发展规律。

项目目标

（1）查找并处理"消费金额（元）"列的异常值。

（2）查找并处理"消费类型"列中不属于消费的数据。

（3）查找并处理"消费时间"列的异常值。

思维导图

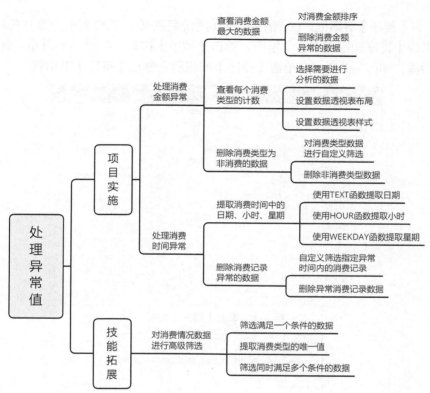

项目分析

（1）通过【排序】功能查看"消费金额（元）"列异常的数据，并进行删除。

（2）通过【数据透视表】功能显示每种消费类型的数据，删除"消费类型"列中不属于消费类型的数据。

（3）使用 TEXT 函数、HOUR 函数、WEEKDAY 函数提取出"消费时间"列的日期、小时和星期。

（4）通过【筛选】功能处理"消费时间"列异常的数据。

项目实施

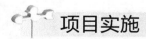 处理消费金额异常值

新建一个名为"消费行为分析表-处理异常值.xlsx"的工作簿，将"消费行为分析表-获取文本数据.xlsx"工作簿中的"消费情况（原始）"工作表复制至【消费行为分析表-处理异常值.xlsx】工作簿的"Sheet1"工作表中，并将"Sheet1"重命名为"消费记录（清洗完数据）"。然后对消费金额和消费类型进行异常值分析。

Excel 数据分析实务

4.1.1 查看消费金额最大的数据

在"消费记录（清洗完数据）"工作表中，根据消费金额的大小进行降序排列。具体操作步骤如下。

（1）打开【排序】对话框。在"消费记录（清洗完数据）"工作表中，选中 E 列，在【数据】选项卡的【排序和筛选】命令组中，单击【排序】按钮，如图 4-1 所示。弹出【排序提醒】对话框，如图 4-2 所示。单击【排序】按钮后会弹出【排序】对话框。

图 4-1　单击【排序】图标

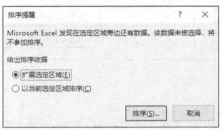

图 4-2　【排序提醒】对话框

（2）设置主要关键字。在【排序】对话框的【主要关键字】下拉列表框中选择【消费金额（元）】选项，在【排序依据】下拉列表框中选择【单元格值】选项，在【次序】下拉列表框中选择【降序】选项，如图 4-3 所示。

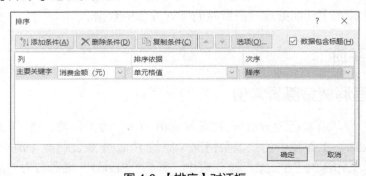

图 4-3　【排序】对话框

（3）确定降序设置。单击【确定】按钮，即可根据消费金额的大小进行降序排列。得到的效果如图 4-4 所示。

	A	B	C	D	E	F	G
1	序号	校园卡号	校园卡编号	消费时间	消费金额（元）	存储金额（元）	余额（元）
2	117348162	180143	2018143	2019/4/22 15:27	300	0	180.95
3	117873928	180231	2018231	2019/4/25 18:03	300	0	4.7
4	117355028	180314	2018314	2019/4/4 12:22	300	0	95.5
5	117355040	180053	201853	2019/4/10 18:21	200	0	92.4
6	117355064	180070	201870	2019/4/17 12:03	200	0	77.7
7	117304993	180039	201839	2019/4/20 11:37	159.3	0	0
8	117355074	180358	2018358	2019/4/20 16:19	150	0	96.4
9	117355045	180091	201891	2019/4/11 18:57	120	0	20.3
10	117355076	180375	2018375	2019/4/22 10:05	120	0	317

图 4-4　排序后效果

（4）删除消费金额异常的数据。假设消费金额大于或等于 300 元为异常消费金额，可以通过删除的方式处理异常值。选中"消费金额（元）"异常值的行并右键单击，在弹出的快捷菜单中选择【删除】命令，即可删除消费金额异常值，如图 4-5 所示。删除后效果如图 4-6 所示。

图 4-5　选择【删除】命令

	A	B	C	D	E	F	G
1	序号	校园卡号	校园卡编号	消费时间	消费金额（元）	存储金额（元）	余额（元）
2	117355040	180053	201853	2019/4/10 18:21	200	0	92.4
3	117355064	180070	201870	2019/4/17 12:03	200	0	77.7
4	117304993	180039	201839	2019/4/20 11:37	159.3	0	0
5	117355074	180358	2018358	2019/4/20 16:19	150	0	96.4
6	117355045	180091	201891	2019/4/11 18:57	120	0	20.3
7	117355076	180375	2018375	2019/4/22 10:05	120	0	317
8	117355067	180084	201884	2019/4/17 18:15	100	0	32.85
9	117355072	180084	201884	2019/4/19 12:08	100	0	119.75
10	117355077	180095	201895	2019/4/22 12:25	100	0	93

图 4-6　删除消费金额的异常值后的效果

4.1.2　查看每个消费类型的计数

在"消费记录（清洗完数据）"工作表中手动创建"消费类型"的数据透视表，查看"消费类型"列每个唯一值的计数。具体操作步骤如下。

（1）打开【创建数据透视表】对话框。在"消费记录（清洗完数据）"工作表中，选择数据区域内任意一个单元格，在【插入】选项卡的【表格】命令组中，单击【数据透视表】按钮，如图 4-7 所示；在弹出的【创建数据透视表】对话框中，默认选择的数据为整个数据区域，如图 4-8 所示。放置数据透视表的位置默认为【新工作表】，也可以指定将其放置在【现有工作表】中。

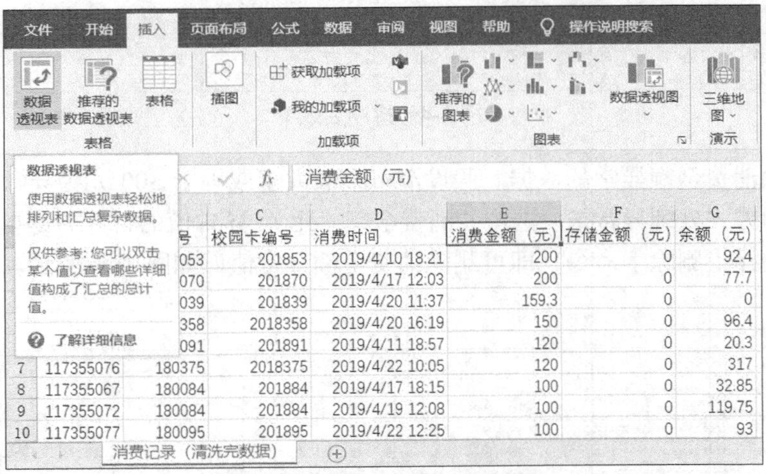

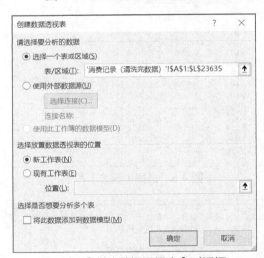

图 4-7　单击【数据透视表】按钮

图 4-8　【创建数据透视表】对话框

（2）创建空白数据透视表。单击【确定】按钮，Excel 将创建一个空白数据透视表，并显示【数据透视表字段】窗格，如图 4-9 所示。

（3）添加字段。将"消费类型"字段拖曳至【行】区域和【值】区域，如图 4-10 所示。创建的数据透视表如图 4-11 所示。

（4）设置数据透视表样式。在工作表中插入数据透视表后，还可以对数据透视表的格式进行设置，使数据透视表更加美观。具体操作步骤如下。

图 4-9 空白数据透视表

图 4-10 添加字段

行标签	计数项:消费类型
存款	747
退款	6
无卡销户	7
消费	22874
总计	23634

图 4-11 创建的数据透视表

① 打开数据透视表格式的下拉列表。在【设计】选项卡的【数据透视表样式】命令组中，单击 ⊡ 按钮，弹出的下拉列表如图 4-12 所示。

② 选择样式。在下拉列表中选择一种样式，即可更改数据透视表的样式，此处选择【中等色】中的【浅橙色，数据透视表样式中等深浅 3】选项。得到的效果如图 4-13 所示。

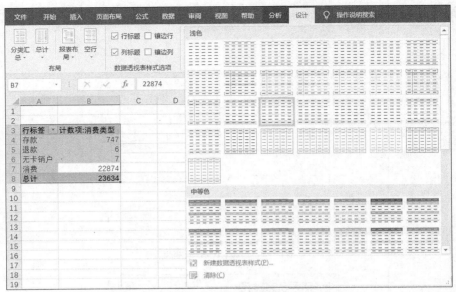

图 4-12　数据透视表样式

图 4-13　应用样式后的效果

4.1.3　删除消费类型为非消费的数据

由图 4-13 可知，在"消费记录（清洗完数据）"工作表中，消费类型有存款、退款、无卡销户和消费 4 种，因为本项目主要分析的是消费的数据，所以需要将非消费的数据进行删除。具体操作步骤如下。

图 4-14　单击【筛选】按钮后的效果

（1）筛选出非消费的数据。具体操作步骤如下。

① 单击【筛选】按钮。在"消费记录（清洗完数据）"工作表中，选择任意一个非空

单元格。在【数据】选项卡的【排序和筛选】命令组中，单击【筛选】按钮。得到的效果如图 4-14 所示。

② 单击"消费类型"列旁的倒三角按钮，在弹出的下拉列表中选择【文本筛选】选项，并选择【不等于】选项，如图 4-15 所示。

图 4-15 选择【不等于】选项

③ 设置【自定义自动筛选方式】对话框。弹出【自定义自动筛选方式】对话框，在第 1 个条件设置中，单击第 1 行的第 2 个 ⌄ 按钮，在弹出的下拉列表中选择【消费】，如图 4-16 所示。

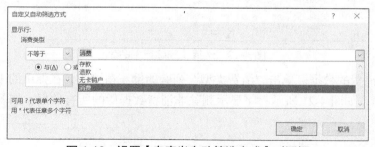

图 4-16 设置【自定义自动筛选方式】对话框

④ 确定筛选设置。单击【确定】按钮，即可在"消费记录（清洗完数据）"工作表中筛选出消费类型为非消费的行。得到的效果如图 4-17 所示。

	消费时间	消费金额（元）	存储金额（元）	余额（元）	消费次数	消费类型
4	2019/4/20 11:37	159.3	0	0	442	无卡销户
18	2019/4/2 16:27	99.4	0	0	487	无卡销户
19	2019/4/22 10:38	92.16	0	0	943	无卡销户
20	2019/4/2 11:58	88.75	0	0	601	无卡销户
21	2019/4/15 12:03	80.5	0	0	331	无卡销户
89	2019/4/2 16:29	15.8	0	0	356	无卡销户
22750	2019/4/23 12:36	0.3	0	0	458	无卡销户
22883	2019/4/18 12:21	0	50	54.5	202	存款
22884	2019/4/26 10:27	0	60	62.6	214	存款

Sheet1　消费记录（清洗完数据）　⊕

图 4-17 筛选后的效果

（2）选中非消费的数据。选中单元格 A4，按【Ctrl + Shift + →】组合键选中第 4 行数

Excel 数据分析实务

据，再按【Ctrl + Shift + ↓】组合键选中第 4 行之后的所有行的数据，即选中筛选出的所有"消费类型"列中的非消费数据，如图 4-18 所示。

图 4-18 选中筛选出的所有非消费的数据

（3）删除行。右键单击选中的非消费的数据区域，在弹出的快捷菜单中选择【删除行】命令，如图 4-19 所示；弹出图 4-20 所示的【Microsoft Excel】提示对话框，单击【确定】按钮即可删除行。

图 4-19 选择【删除行】命令

（4）显示消费的数据。单击"消费类型"列旁的倒三角按钮，在弹出的下拉列表中勾选【全选】复选框，如图 4-21 所示；将显示删除非消费数据后的所有数据，如图 4-22 所示。

图 4-20 【Microsoft Excel】提示对话框

图 4-21 勾选【全选】复选框

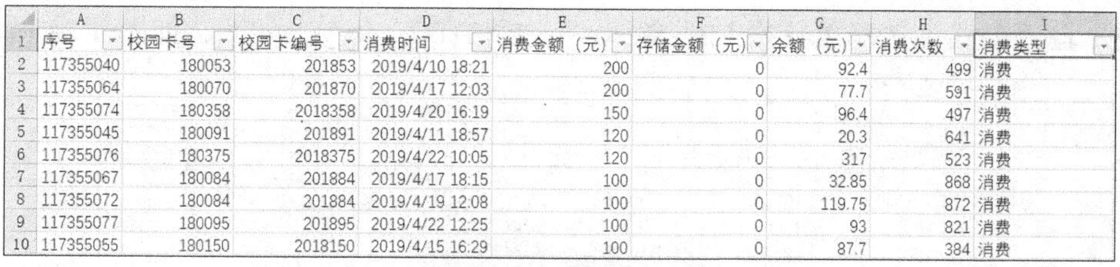

	A	B	C	D	E	F	G	H	I
1	序号	校园卡号	校园卡编号	消费时间	消费金额（元）	存储金额（元）	余额（元）	消费次数	消费类型
2	117355040	180053	201853	2019/4/10 18:21	200	0	92.4	499	消费
3	117355064	180070	201870	2019/4/17 12:03	200	0	77.7	591	消费
4	117355074	180358	2018358	2019/4/20 16:19	150	0	96.4	497	消费
5	117355045	180091	201891	2019/4/11 18:57	120	0	20.3	641	消费
6	117355076	180375	2018375	2019/4/22 10:05	120	0	317	523	消费
7	117355067	180084	201884	2019/4/17 18:15	100	0	32.85	868	消费
8	117355072	180084	201884	2019/4/19 12:08	100	0	119.75	872	消费
9	117355077	180095	201895	2019/4/22 12:25	100	0	93	821	消费
10	117355055	180150	2018150	2019/4/15 16:29	100	0	87.7	384	消费

图 4-22   删除非消费数据后的数据

4.2   处理消费时间异常数据

在"消费记录（清洗完数据）"工作表中，所有营业地点的营业时间为 5:00～24:00，因此 0:00～5:00 的所有消费记录属于异常情况，需要对 0:00～5:00 的消费数据进行删除。

4.2.1   提取消费时间中的日期、小时、星期

在"消费记录（清洗完数据）"工作表中，可以通过 TEXT 函数、HOUR 函数、WEEKDAY 函数提取消费时间中的日期、小时和星期。

1. 提取日期

TEXT 函数可对数字应用相应格式，进而更改数字的显示方式。TEXT 函数的使用格式如下。

```
TEXT(value,format_text)
```

TEXT 函数的参数及其解释如表 4-1 所示。

表 4-1   TEXT 函数的参数及其解释

参数	参数解释
value	必需。表示要应用格式的数字，可以是数值、计算结果为数字值的公式，或对包含数字值的单元格引用
format_text	必需。表示文本字符串的数字格式，为【设置单元格格式】对话框中【数字】选项卡中【分类】列表框中【文本】形式的数字格式

在"消费记录（清洗完数据）"工作表中使用 TEXT 函数提取消费时间中的日期。具体操作步骤如下。

（1）插入"日期"列。右键单击 E 列，在弹出的快捷菜单中选择【插入】命令，即可插入新的一列，如图 4-23 所示。在新的一列的第一个单元格中输入"日期"。

	A	B	C	D	消费金额（元）		G
1	序号	校园卡号	校园卡编号	消费时间		剪切(T)	（元）
2	117355040	180053	201853	2019/4/10 18:21	200	复制(C)	92.4
3	117355064	180070	201870	2019/4/17 12:03	200		77.7
4	117355074	180358	2018358	2019/4/20 16:19	150	粘贴选项：	96.4
5	117355045	180091	201891	2019/4/11 18:57	120		20.3
6	117355076	180375	2018375	2019/4/22 10:05	120		317
7	117355067	180084	201884	2019/4/17 18:15	100	选择性粘贴(S)...	32.85
8	117355072	180084	201884	2019/4/19 12:08	100	插入(I)	119.75
9	117355077	180095	201895	2019/4/22 12:25	100	删除(D)	93
10	117355055	180150	2018150	2019/4/15 16:29	100	清除内容(N)	87.7
11	117355060	180158	2018158	2019/4/16 16:36	100		2.2
12	117355044	180159	2018159	2019/4/11 18:57	100	设置单元格格式(F)...	64.8
13	117355068	180244	2018244	2019/4/18 12:08	100	列宽(W)...	174.5
14	117355069	180264	2018264	2019/4/18 12:57	100	隐藏(H)	97.7
15	117355042	180295	2018295	2019/4/11 17:10	100	取消隐藏(U)	123.3
16	117348246	180336	2018336	2019/4/16 14:18	100		156.4

图 4-23   选择【插入】命令

（2）输入公式。选择单元格 E2，输入"=TEXT(D2,"yyyy/m/d")"，如图 4-24 所示。

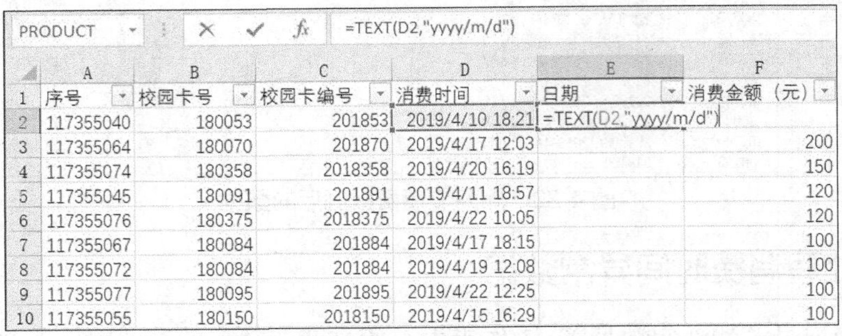

图 4-24　输入"=TEXT(D2,"yyyy/m/d")"

（3）确定公式。按【Enter】键，即可用 TEXT 函数提取日期，如图 4-25 所示。

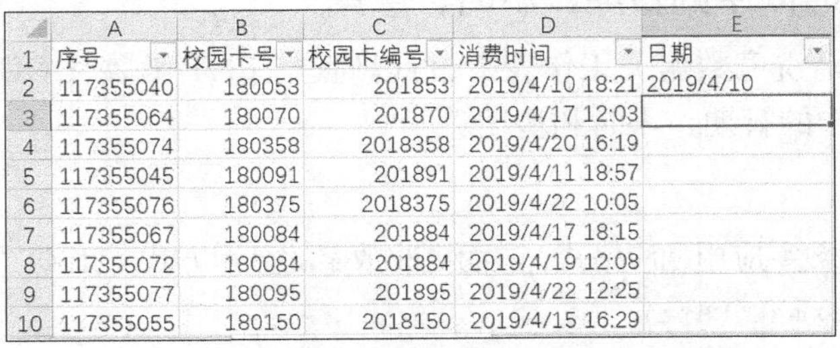

图 4-25　成功提取日期

（4）填充公式。将鼠标指针移至单元格 E2 的右下角，当鼠标指针变为黑色加粗的"+"时双击，即可提取剩余消费时间中的日期，如图 4-26 所示。

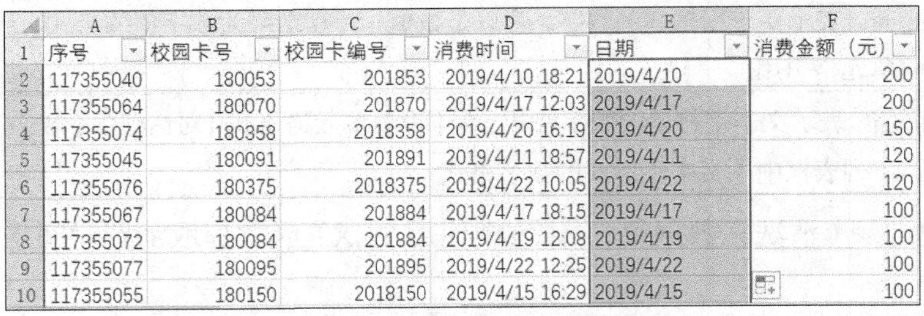

图 4-26　成功提取所有日期

2. 提取小时

HOUR 函数可以返回时间值的小时数，即一个介于 0～23 的整数。HOUR 函数的使用格式如下。

```
HOUR(serial_number)
```

HOUR 函数的参数及其解释如表 4-2 所示。

表 4-2　HOUR 函数的参数及其解释

参数	参数解释
serial_number	必需。表示要查找小时的时间值。时间有多种输入方式：带引号的文本字符串、十进制数、其他公式或函数的结果

在"消费记录（清洗完数据）"工作表中使用 HOUR 函数提取小时数。具体操作步骤如下。

（1）插入"时长（小时）"列。右键单击 F 列，在弹出的快捷菜单中选择【插入】命令，在新的一列的第一个单元格中输入"时长（小时）"。

（2）输入公式。选择单元格 F2，输入"=HOUR(D2)"，如图 4-27 所示。

	A	B	C	D	E	F
1	序号	校园卡号	校园卡编号	消费时间	日期	时长（小时）
2	117355040	180053	201853	2019/4/10 18:21	2019/4/10	=HOUR(D2)
3	117355064	180070	201870	2019/4/17 12:03	2019/4/17	
4	117355074	180358	2018358	2019/4/20 16:19	2019/4/20	
5	117355045	180091	201891	2019/4/11 18:57	2019/4/11	
6	117355076	180375	2018375	2019/4/22 10:05	2019/4/22	
7	117355067	180084	201884	2019/4/17 18:15	2019/4/17	
8	117355072	180084	201884	2019/4/19 12:08	2019/4/19	
9	117355077	180095	201895	2019/4/22 12:25	2019/4/22	
10	117355055	180150	2018150	2019/4/15 16:29	2019/4/15	

图 4-27　输入"=HOUR(D2)"

（3）确定公式。按【Enter】键，即可用 HOUR 函数提取时长，如图 4-28 所示。

	A	B	C	D	E	F
1	序号	校园卡号	校园卡编号	消费时间	日期	时长（小时）
2	117355040	180053	201853	2019/4/10 18:21	2019/4/10	##########
3	117355064	180070	201870	2019/4/17 12:03	2019/4/17	
4	117355074	180358	2018358	2019/4/20 16:19	2019/4/20	
5	117355045	180091	201891	2019/4/11 18:57	2019/4/11	
6	117355076	180375	2018375	2019/4/22 10:05	2019/4/22	
7	117355067	180084	201884	2019/4/17 18:15	2019/4/17	
8	117355072	180084	201884	2019/4/19 12:08	2019/4/19	
9	117355077	180095	201895	2019/4/22 12:25	2019/4/22	
10	117355055	180150	2018150	2019/4/15 16:29	2019/4/15	

图 4-28　提取时长

（4）调整列宽。之所以出现图 4-28 所示的#号，是因为 F 列的宽度不够，需要手动调整列宽。调整后如图 4-29 所示。

	A	B	C	D	E	F
1	序号	校园卡号	校园卡编号	消费时间	日期	时长（小时）
2	117355040	180053	201853	2019/4/10 18:21	2019/4/10	1900/1/18 0:00
3	117355064	180070	201870	2019/4/17 12:03	2019/4/17	
4	117355074	180358	2018358	2019/4/20 16:19	2019/4/20	
5	117355045	180091	201891	2019/4/11 18:57	2019/4/11	
6	117355076	180375	2018375	2019/4/22 10:05	2019/4/22	
7	117355067	180084	201884	2019/4/17 18:15	2019/4/17	
8	117355072	180084	201884	2019/4/19 12:08	2019/4/19	
9	117355077	180095	201895	2019/4/22 12:25	2019/4/22	
10	117355055	180150	2018150	2019/4/15 16:29	2019/4/15	

图 4-29　调整 F 列的列宽

（5）设置 F 列的单元格格式。单元格 F2 之所以出现图 4-29 所示的格式，是因为插入的新列会沿用前一列的单元格格式，所以需要修改 F 列的单元格格式。在【开始】选项卡的【数字】命令组中，单击·按钮，在弹出的下拉列表中选择【常规】选项，如图 4-30 所示。得到的效果如图 4-31 所示。

（6）填充公式。将鼠标指针移至单元格 F2 的右下角，当鼠标指针变为黑色加粗的"+"时双击，即可提取剩余消费时间的小时数，如图 4-32 所示。

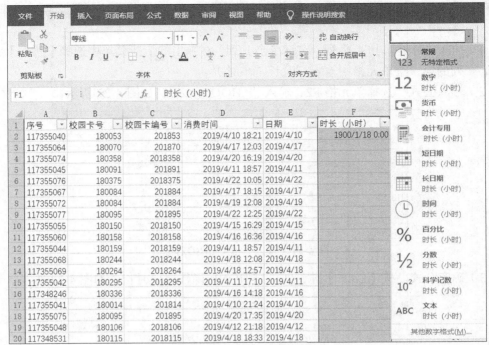

图 4-30　选择【常规】选项

图 4-31　设置好单元格格式后的效果

图 4-32　成功提取所有消费时间的小时数

3.　提取星期

WEEKDAY 函数可以返回某日期的星期数，在默认情况下，它的值为 1（星期天）～7（星期六）的一个整数。WEEKDAY 函数的使用格式如下。

```
WEEKDAY(serial_number, return_type)
```

WEEKDAY 函数的参数及其解释如表 4-3 所示。

表 4-3　WEEKDAY 函数的参数及其解释

参数	参数解释
serial_number	必需。表示要查找的日期，可以是指定的日期或引用含有日期的单元格。日期有多种输入方式：带引号的文本串、系列数或其他公式或函数的结果
return_type	可选。表示星期的开始日和计算方式。return_type 代表星期的表示方式：当 Sunday（星期日）为 1、Saturday（星期六）为 7 时，该参数为 1 或省略；当 Monday（星期一）为 1、Sunday（星期日）为 7 时，该参数为 2（这种情况符合中国人的习惯）；当 Monday（星期一）为 0、Sunday（星期日）为 6 时，该参数为 3

在"消费记录（清洗完数据）"工作表中使用 WEEKDAY 函数提取星期。具体操作步骤如下。

（1）插入"星期"列。右键单击 G 列，在弹出的快捷菜单中选择【插入】命令，在新的一列的第一个单元格中输入"星期"，如图 4-33 所示。

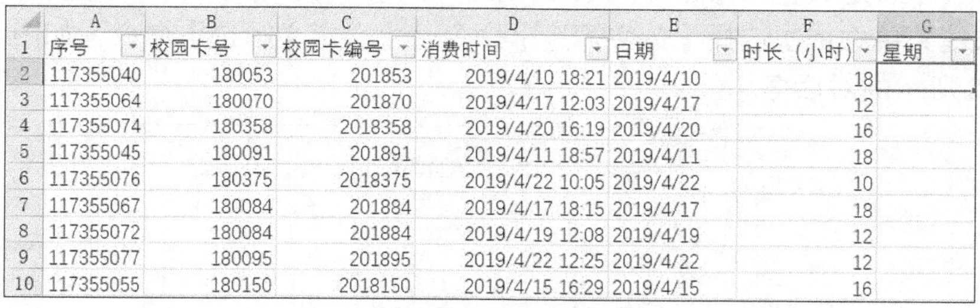

图 4-33　插入"星期"列

（2）输入公式。选择单元格 G2，输入"=WEEKDAY(E2)"，如图 4-34 所示。

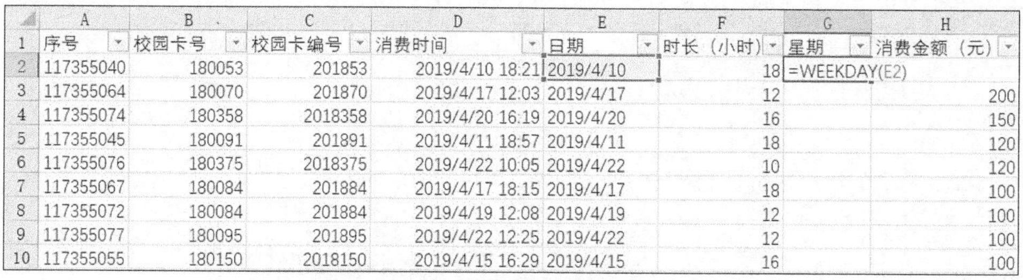

图 4-34　输入"=WEEKDAY(E2)"

（3）确定公式。按【Enter】键，即可用 WEEKDAY 函数提取星期，如图 4-35 所示。

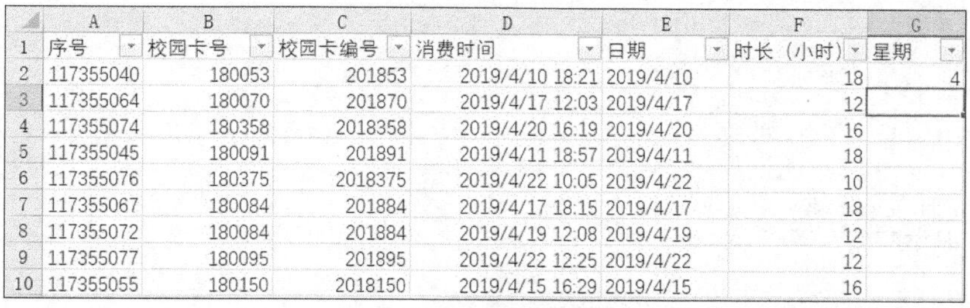

图 4-35　成功提取星期

（4）填充公式。将鼠标指针移至单元格 G2 的右下角，当鼠标指针变为黑色加粗的"+"时双击，即可提取剩余消费时间的星期，如图 4-36 所示。

图 4-36　成功提取所有星期

4.2.2　删除消费记录异常的数据

通过【筛选】功能，筛选出 0:00～5:00 的所有消费记录，并将其进行删除。具体操作步骤如下。

（1）打开【自定义自动筛选方式】对话框。单击"时长（小时）"列旁的倒三角按钮，在弹出的快捷菜单中依次选择【数字筛选】命令→【自定义筛选】命令，如图 4-37 所示。弹出图 4-38 所示的对话框。

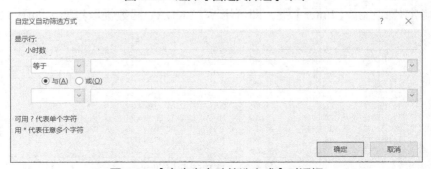

图 4-37　选择【自定义筛选】命令

图 4-38　【自定义自动筛选方式】对话框

（2）自定义筛选方式。在第一个条件设置中，单击第一个 ∨ 按钮，在弹出的下拉列表中选择【大于或等于】，在旁边的文本框中输入 "0"；选择【与】单选按钮，并在第二个条件设置中，单击第一个 ∨ 按钮，在弹出的下拉列表中选择【小于】，在旁边的文本框中输入 "5"，如图 4-39 所示。

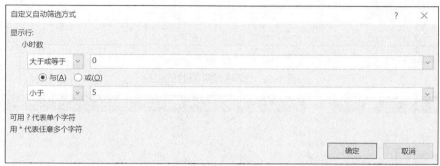

图 4-39　【自定义自动筛选方式】对话框

（3）确定筛选设置。单击【确定】按钮，即可筛选出消费时间异常的数据，如图 4-40 所示。

	A	B	C	D	E	F	G
1	序号	校园卡号	校园卡编号	消费时间	日期	时长（小时）	星期
3035	117231667	180344	2018344	2019/4/17 0:00	2019/4/17	0	4
3764	117183123	180262	2018262	2019/4/16 0:00	2019/4/16	0	3
3848	117231603	180292	2018292	2019/4/17 0:00	2019/4/17	0	4
3991	117275462	180353	2018353	2019/4/19 0:00	2019/4/19	0	6
5022	117057042	180225	2018225	2019/4/8 0:00	2019/4/8	0	2
5205	117400542	180304	2018304	2019/4/4 3:46	2019/4/4	3	5
6285	117231935	180176	2018176	2019/4/17 0:00	2019/4/17	0	4
6360	117411265	180227	2018227	2019/4/26 0:00	2019/4/26	0	6
6555	117315681	180323	2018323	2019/4/22 0:00	2019/4/22	0	2

Sheet1　消费记录（清洗完数据）　⊕

图 4-40　筛选后的数据

（4）删除异常值。选中单元格 A3035，按【Ctrl + Shift + →】组合键选中第 3035 行数据，再按【Ctrl + Shift + ↓】组合键选中第 3035 行之后的所有行的数据，即选中筛选出的所有 "时长（小时）" 列中的异常数据，右键单击选中的区域，在弹出的快捷菜单中选择【删除行】命令。若弹出【Microsoft Excel】提示对话框，则单击【确定】按钮即可。

（5）显示筛选后结果。单击 "时长（小时）" 列旁的倒三角按钮，在弹出的下拉列表中勾选【全选】复选框，如图 4-41 所示；将显示删除时间异常的数据后的所有数据，如图 4-42 所示。

（6）得到最后的结果。在【数据】选项卡的【排序和筛选】命令组中，单击【筛选】按钮，使【筛选】按钮处于不被选中的状态，如图 4-43 所示。最后得到处理

图 4-41　勾选【全选】复选框

完异常值的结果，并保存文件。

图 4-42　删除异常值后的数据

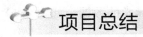

图 4-43　【筛选】图标处于不被选中的状态

项目总结

本项目先分析学生校园消费行为项目数据中的异常值，包括消费金额的异常和消费时间的异常，再通过 Excel 2016 中的排序、筛选、数据透视表、函数、删除行等方法进行处理。

技能拓展

在"消费行为分析表-获取文本数据.xlsx"工作簿的"消费情况（原始）"工作表中，对消费金额的异常值进行处理，查看消费类型中的取值，以及查看小时数为 0~5 的所有消费记录，都可以通过高级筛选功能实现。

新建一个工作簿，将"消费行为分析表-获取文本数据.xlsx"工作簿中的"消费情况（原始）"工作表复制至"Sheet1"工作表中，并将"Sheet1"重命名为"消费记录（清洗完数据）"。

1. 筛选满足一个条件的数据

假设消费金额大于或等于 300 元为异常消费金额，那么通过条件筛选的方法查看满足这一个条件的数据的具体操作步骤如下。

（1）输入筛选条件。新建一个名为"筛选条件"的工作表，在"筛选条件"工作表中的单元格区域 A1:B3 输入筛选条件，如图 4-44 所示。

图 4-44　输入筛选消费金额的条件

（2）打开【高级筛选】对话框。切换至"消费记录（清洗完数据）"工作表，在【数据】选项卡的【排序和筛选】命令组中，单击【高级】按钮，如图 4-45 所示；将打开【高级筛选】对话框，如图 4-46 所示。

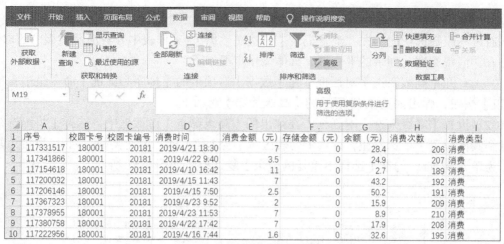

图 4-45　单击【高级】图标

（3）设置【条件区域】。在图 4-46 所示的对话框中，列表区域默认选择单元格区域 A1:L23638，将【条件区域】设置为"筛选条件"工作表的单元格区域 B2:B3，如图 4-47 所示。

图 4-46　【高级筛选】对话框

图 4-47　设置【条件区域】

（4）确定筛选设置。单击【确定】按钮，即可在"消费记录（清洗完数据）"工作表中筛选出消费金额大于或等于 300 的数据，如图 4-48 所示。

图 4-48　筛选消费金额大于或等于 300 的数据

对于图 4-48 所示的异常数据直接进行删除处理，然后在【数据】选项卡的【排序和筛选】命令组中，单击【高级】按钮，即可显示删除异常数据后的所有数据，如图 4-49 所示。

图 4-49　单击【高级】按钮

55

2. 提取消费类型的唯一值

通过高级筛选功能，在"消费记录（清洗完数据）"工作表中查看消费类型中的取值，即提取"消费类型"列中的唯一值。具体操作步骤如下。

（1）打开【高级筛选】对话框。在【数据】选项卡的【排序和筛选】命令组中，单击【高级】按钮，弹出如图 4-50 所示的【高级筛选】对话框。

（2）设置【高级筛选】对话框。在弹出的【高级筛选】对话框中，选择【将筛选结果复制到其他位置】单选按钮，设置【列表区域】为 I 列（即"消费类型"列），设置【复制到】为单元格 N1，勾选【选择不重复的记录】复选框，如图 4-51 所示。

图 4-50 【高级筛选】对话框　　图 4-51 设置【高级筛选】对话框

（3）确定筛选设置。单击【确定】按钮，即可在单元格区域 N1:N5 显示消费类型的所有取值的唯一值，如图 4-52 所示。

从图 4-52 可知，在消费类型中除了消费，还有存款、无卡销户、退款，这些与本项目的分析目标无关，需要对其进行删除，可参考 4.1.3 小节的方法进行删除。

图 4-52 显示消费类型的
所有取值的唯一值

3. 筛选同时满足多个条件的数据

通过高级筛选功能，在"消费记录（清洗完数据）"工作表中，筛选出小时数为 0～5 的所有消费记录。具体操作步骤如下。

（1）提取消费时间中的小时数。参考 4.2.1 小节的方法，使用 HOUR 函数提取时长。得到的结果如图 4-53 所示。

	A	B	C	D	E	F	G	H	I	J	K	L	M
1	序号	校园卡号	校园卡编号	消费时间	时长（小时）	消费金额（元）	存储金额（元）	余额（元）	消费次数	消费类型	消费项目的序列号	消费操作的编码	消费地点
2	117331517	180001	20181	2019/4/21 18:30	18	7	0	28.4	206	消费	NULL	NULL	第四食堂
3	117341866	180001	20181	2019/4/22 9:40	9	3.5	0	24.9	207	消费	NULL	NULL	第一食堂
4	117154618	180001	20181	2019/4/10 16:42	16	11	0	2.7	189	消费	NULL	NULL	第四食堂
5	117200032	180001	20181	2019/4/15 11:43	11	7	0	43.2	192	消费	NULL	NULL	第四食堂
6	117206146	180001	20181	2019/4/15 7:50	7	2.5	0	50.2	191	消费	NULL	NULL	第一食堂
7	117367323	180001	20181	2019/4/23 9:52	9	2	0	15.9	209	消费	NULL	NULL	第二食堂
8	117378955	180001	20181	2019/4/23 11:53	11	7	0	8.9	210	消费	NULL	NULL	第四食堂
9	117380758	180001	20181	2019/4/22 17:42	17	7	0	17.9	208	消费	NULL	NULL	第四食堂
10	117222956	180001	20181	2019/4/16 7:44	7	1.6	0	32.6	195	消费	NULL	NULL	第二食堂

图 4-53 提取小时数

（2）输入筛选条件。在"筛选条件"工作表中的单元格区域 A5:C7 输入筛选条件，如图 4-54 所示。

（3）打开【高级筛选】对话框。切换至"消费记录（清洗完数据）"工作表，在【数据】选项卡的【排序和筛选】命令组中，单击【高级】按钮，即可打开【高级筛选】对话框。

（4）设置【条件区域】。在弹出的【高级筛选】对话框中，默认选择【列表区域】为 A 列至 M 列的数据，设置【条件区域】为"筛选条件"工作表的单元格区域 B6:C7，如图 4-55 所示。

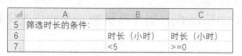

图 4-54　输入筛选小时数的条件　　　　　图 4-55　设置【条件区域】

（5）确定筛选设置。单击【确定】按钮，即可在"消费记录（清洗完数据）"工作表中可以筛选出时长为 0～5 的所有消费记录，如图 4-56 所示。

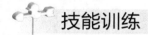

序号	校园卡号	校园卡编号	消费时间	时长（小时）	消费金额（元）	存储金额（元）	余额（元）	消费次数	消费类型	消费项目的序列号	消费操作的编码	消费地点
11	117225959	180001	20181	2019/4/17 0:00	0	3.6	0	13	199	消费	2.02E+13	NULL	第二食堂
290	117242344	180007	20187	2019/4/17 0:00	0	2	0	205	853	消费	2.02E+13	NULL	第五食堂
1921	117242300	180040	201840	2019/4/17 0:00	0	1	0	13.4	688	消费	2.02E+13	NULL	第五食堂
2428	117242120	180051	201851	2019/4/17 0:00	0	1	0	35.6	433	消费	2.02E+13	NULL	第五食堂
2429	117242213	180051	201851	2019/4/17 0:00	0	1	0	26.5	437	消费	2.02E+13	NULL	第五食堂
2523	117242216	180052	201852	2019/4/17 0:00	0	2	0	72	810	消费	2.02E+13	NULL	第五食堂
2710	117241994	180055	201855	2019/4/17 0:00	0	0.5	0	110.7	675	消费	2.02E+13	NULL	第五食堂
2798	117242201	180058	201858	2019/4/17 0:00	0	2	0	19.54	638	消费	2.02E+13	NULL	第五食堂
2959	117230874	180061	201861	2019/4/16 4:49	4	1.2	0	3.6	693	消费	NULL	NULL	第二食堂

图 4-56　满足多个条件的筛选结果

对于图 4-56 所示的异常数据，直接进行删除处理，然后在【数据】选项卡的【排序和筛选】命令组中，单击【高级】按钮，即可显示删除异常数据后的所有数据。

技能训练

1. 训练目的

（1）分析"消费行为分析表-获取文本数据.xlsx"工作簿的"消费情况（原始）"工作表中的【消费地点】列。通过数据透视表功能，查看"消费地点"列每个唯一值的计数。得到的结果如图 4-57 所示。

（2）删除消费地点为"财务处"和"财务部"的数据，最终得到的行数为 22889。

（3）删除消费时间异常的数据。假设所有消费地点的营业时间为 6:00～24:00，并且星期一至星期五的 8:00～10:00 和 14:00～16:00 为所有学生上课的时间，那么消费时间为 0:00～6:00、星期一至星期五 8:00～10:00 和 14:00～16:00 的所有消费记录即可视为异常值，对这些异常数据进行删

行标签	计数项:消费地点
财务部	1
财务处	747
第二食堂	2745
第二图书馆	16
第七教学楼	1
第三食堂	4132
第四教学楼	21
第四食堂	1415
第五教学楼	2
第五食堂	10698
第一食堂	1415
第一图书馆	7
飞凤轩宿管办	1
好利来食品店	2035
红太阳超市	158
机电系	1
基础课部	5
教师食堂	4
人文社科	3
水电缴费处	196
医务室	24
自然科学书库	10
总计	23637

图 4-57　消费地点的数据透视表

除，最终得到的行数为 21778。

2．训练要求

（1）新建一个工作簿，将"消费行为分析表-获取文本数据.xlsx"工作簿的"消费情况（原始）"工作表复制至名为"消费记录（清洗完数据）"的工作表中。

（2）在新的工作表中建一个数据透视表，计算"消费地点"列每个唯一值的计数。

（3）找出消费地点为"财务处"和"财务部"的数据，并进行删除。

（4）采用 HOUR 函数提取消费时间中的时长。

（5）采用 WEEKDAY 函数提取消费时间中的星期。

（6）新建一个"筛选条件"工作表，设置筛选条件为：消费时间为 0:00～6:00；星期一至星期五的消费时间为 8:00～10:00 和 14:00～16:00。通过高级筛选功能，查找满足条件的所有消费记录，并进行删除。

思考题

【导读】工作中的态度通常决定能力水平，细节决定成败。1992 年 3 月 22 日，原航天工业总公司在使用"长征二号"捆绑式运载火箭发射澳大利亚 B1 通信卫星时，第三助推器的点火触点因一块 2cm 左右的多余铝屑物产生的电弧接通了关机触点，从而造成助推器在点火后随即关机。火箭主计算机测的推力不够，所以发动机于 7 秒后实施了紧急关机。这个事件虽然属于极小概率事件，但极小失误造成的损失和影响却是不可低估的。因此，人们在工作中应该端正自己的工作态度，秉着仔细严谨的工作作风，及时发现和处理工作中遇到的问题。

【思考题】假如您作为一名超市的数据分析师，现在对本年度第一季度的销售情况进行了相关的数据分析，但在数据分析结果上报后发现原始数据里存在异常值，您应该如何处理？

项目 ⑤ 处理缺失值

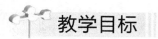

教学目标

1. 技能目标

能使用函数统计缺失值。

2. 知识目标

（1）掌握 COUNTIFS 函数的使用方法。
（2）掌握删除缺失值的方法。

3. 素养目标

（1）引导学生遵守职业道德，形成良好的职业素养。
（2）引导学生克服松散习惯，培养他们的自主精神。
（3）引导学生养成严谨细致的工作态度。

思维导图

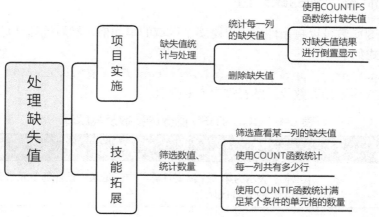

项目背景

　　针对"学生信息（原始）"和"消费记录（清洗完数据）"工作表，需要对数据进行缺失值检查。如果学生信息中存在大量的缺失值，那么可能会造成分析结果的偏差。因此需要对"学生信息（清洗完数据）"工作表进行缺失值的统计，并对存在缺失值的列进行处理。对于缺失值较大的列，且在实际的数据分析中无意义，予以删除处理。

项目目标

（1）使用 COUNTIFS 函数统计两个工作表的缺失值。

（2）对存在缺失值的工作表进行处理。

项目分析

（1）统计"消费记录（清洗完数据）"工作表和"学生信息（原始）"工作表中每一列数据的缺失值。

（2）删除"消费记录（清洗完数据）"工作表中的"消费项目的序列号"列和"消费操作的编码"列。

项目实施

新建一个名为"消费行为分析表-处理缺失值.xlsx"的工作簿，将"消费行为分析表-获取文本数据.xlsx"工作簿的"学生信息（原始）"工作表复制至"消费行为分析表-处理缺失值.xlsx"工作簿中的"Sheet1"工作表中，并将"Sheet1"重命名为"学生信息（清洗完数据）"；在"消费行为分析表-处理缺失值"工作簿中，新建一个名为"消费记录（清洗完数据）"的工作表，将"消费行为分析表-处理异常值.xlsx"工作簿的"消费记录（清洗完数据）"工作表复制至该工作表中。

5.1 统计每一列的缺失值

COUNTIFS 函数可以将条件应用于跨多个区域的单元格，然后统计满足所有条件的次数，其使用格式如下。

```
COUNTIFS(criteria_range1,criteria1,[criteria_range2,criteria2],…)
```

COUNTIFS 函数的参数及其解释如表 5-1 所示。

表 5-1　COUNTIFS 函数的参数及其解释

参数	参数解释
criteria_range1	必需。表示为第一个需要计算其中满足某个条件的单元格数目的单元格区域（简称条件区域）
criteria1	必需。表示查找的条件，可以是数字、表达值或文本
[criteria_range2,criteria2],…	可选。表示附加的区域及其关联条件，最多允许 127 个区域/条件对

在"学生信息（清洗完数据）"工作表中使用 COUNTIFS 函数统计缺失值。具体操作步骤如下。

（1）输入公式。在"学生信息（清洗完数据）"工作表中，复制单元格区域 A1:E1 至单元格区域 G1:K1 中，如图 5-1 所示。选中单元格 G2，输入"=COUNTIFS(A:A,"NULL")"，如图 5-2 所示。

	E	F	G	H	I	J	K
1	门禁卡号		序号	校园卡号	性别	专业名称	门禁卡号
2	19762330						
3	20521594						
4	20513946						
5	20018058						
6	20945770						
7	21527898						
8	20521386						
9	20541770						
10	19607146						

图 5-1　单元格区域 G1:K1

IFERROR	▾	⁝	× ✓	f_x	=COUNTIFS(A:A,"NULL")	

	E	F	G	H	I	J	K
1	门禁卡号		序号	校园卡号	性别	专业名称	门禁卡号
2	19762330		=COUNTIFS(A:A,"NULL")				
3	20521594						
4	20513946						
5	20018058						
6	20945770						
7	21527898						
8	20521386						
9	20541770						
10	19607146						

图 5-2　输入"=COUNTIFS(A:A,"NULL")"

（2）确定公式。按【Enter】键，即可使用 COUNTIFS 函数统计出"序号"列的缺失值数量，如图 5-3 所示。

	E	F	G	H	I	J	K
1	门禁卡号		序号	校园卡号	性别	专业名称	门禁卡号
2	19762330		0				
3	20521594						
4	20513946						
5	20018058						
6	20945770						
7	21527898						
8	20521386						
9	20541770						
10	19607146						

图 5-3　统计"序号"列的缺失值数量

（3）统计学生信息表的缺失值。选择单元格 G2 并将鼠标指针移至单元格 G2 的右下角，当鼠标指针变为黑色加粗的"+"时，按住鼠标左键向右拖曳至单元格 K2。得到的结果如图 5-4 所示。

图 5-4　统计学生信息表的缺失值

（4）对统计学生信息表的缺失值的结果进行倒置。具体操作步骤如下。

Excel 数据分析实务

① 复制单元格区域 G1:K2，选中单元格 G3，在【开始】选项卡的【剪贴板】命令组中，单击【粘贴】按钮，选择【选择性粘贴】选项，如图 5-5 所示。

图 5-5　选择【选择性粘贴】选项

② 在弹出的【选择性粘贴】对话框中，选择【数值】单选按钮，勾选【转置】复选框，如图 5-6 所示。

③ 单击【确定】按钮，选中单元格区域 G1:K2，按【Delete】键对数据进行清除，然后合并单元格区域 G1:H2，输入"学生信息表的缺失值统计结果"，如图 5-7 所示。

图 5-6　【选择性粘贴】对话框

图 5-7　学生信息表的缺失值统计结果

④ 设置单元格区域 G1:H7 为"垂直居中"，G 列的列宽设为 15，H 列的列宽设为 10。得到的效果如图 5-8 所示。

由图 5-8 可知，"学生信息（清洗完数据）"工作表中不存在缺失值，不需要做缺失值的处理。

采用相同的方法，在"消费记录（清洗完数据）"工作表中，对每一列进行缺失值检查，如图 5-9 所示。

由图 5-9 可知，"消费项目的序列号"列和"消费操作的编码"列存在较多的缺失值，缺失值都达到 22764。

图 5-9 消费记录表的缺失值统计结果

图 5-8 设置单元格区域 G1:H7 后的效果

5.2 删除缺失值

缺失值较大的列在实际的数据分析中无意义，所以需要删除"消费记录（清洗完数据）"工作表中的"消费项目的序列号"列和"消费操作的编码"列。具体操作步骤如下。

（1）选择需删除的列。在"消费记录（清洗完数据）"工作表中，选择"消费项目的序列号"列，按住【Ctrl】键同时选择"消费操作的编码"列，如图 5-10 所示。

（2）删除"消费项目的序列号"列和"消费操作的编码"列。右键单击步骤（1）选中的两列，在弹出的快捷菜单中选择【删除】命令，即可完成删除操作，如图 5-11 所示。然后保存文件。

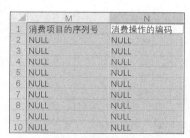

图 5-10 选择需删除的列

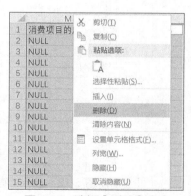

图 5-11 选择【删除】命令

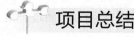
项目总结

本项目先通过 COUNTIFS 函数查找学生校园消费行为项目数据中的缺失值，再通过 Excel 2016 中的删除列的方法对缺失值较多的列进行删除处理。

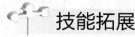
技能拓展

当某一列的唯一值数据不多时，也可以通过筛选的方法查看某一列是否含有缺失值，但是该方法不能直观地展示每一列的缺失值数量。

此外，统计某个值的数量可以用 COUNT 函数；统计满足一定条件的数值数量，除了 COUNTIFS 函数，还可以使用 COUNTIF 函数。

新建一个工作簿，将"消费行为分析表-获取文本数据.xlsx"工作簿中的"学生信息（原始）"工作表复制至"消费行为分析表-处理缺失值.xlsx"工作簿中的"Sheet1"工作表中，并将"Sheet1"重命名为"学生信息（清洗完数据）"；在"消费行为分析表-处理缺失值.xlsx"工作簿中，新建一个名为"消费记录（清洗完数据）"的工作表，将"消费行为分析表-处理异常值"工作簿的"消费记录（清洗完数据）"工作表内容复制至该工作表中。

1. 筛选查看某一列的缺失值

在"消费记录（清洗完数据）"工作表中，采用筛选的方法查看某一列是否含有缺失值，以"消费项目的序列号"列为例，具体操作步骤如下。

查看"消费项目的序列号"列的取值。在【数据】选项卡的【排序和筛选】命令组中，单击【筛选】按钮；单击"消费项目的序列号"列旁的倒三角按钮，在弹出的下拉列表中的下方，会显示"消费项目的序列号"列的取值，如图 5-12 所示。

图 5-12　显示"消费项目的序列号"列的取值

由图 5-12 可知，"消费项目的序列号"列只有一个值，即 NULL，说明"消费项目的序列号"对于本项目的分析没有意义，需要进行删除处理。"消费操作的编码"列同理，也需要进行删除处理。

2. 统计每一列共有多少行

COUNT 函数可以统计包含数字的单元格个数，以及列表中数字的个数，其使用格式如下。

```
COUNT(value1, value2, ...)
```

COUNT 函数的参数及其解释如表 5-2 所示。

表 5-2 COUNT 函数的参数及其解释

参数	参数解释
value1	必需。表示要计算其中数字的个数的第 1 项，可以是数组、单元格引用或区域。只有数字类型的数据才会被计算，如数字、日期或代表数字的文本（如"1"）
value2,...	可选。表示要计算其中数字的个数的第 2～255 项，即可以像参数 value1 那样最多指定 254 个参数

在"学生信息（清洗完数据）"工作表中，使用 COUNT 函数统计每个字段共有多少行。具体操作步骤如下。

（1）输入公式。复制单元格区域 A1:E1 至单元格区域 J1:N1 中，在单元格 I1 中输入"列名"，在单元格 I2 中输入"行数"，在单元格 J2 中输入"=COUNT(A:A)"，如图 5-13 所示。

（2）确定公式。按【Enter】键，即可使用 COUNT 函数统计"序号"列共有多少行。统计结果如图 5-14 所示。

图 5-13 输入"=COUNT(A:A)"　　　　　　图 5-14 "序号"列的行数

（3）应用公式。选择单元格 J2 并将鼠标指针移至单元格 J2 的右下角，当出现黑色加粗的"+"时，按住鼠标左键向右拖曳至单元格 N2，即可统计其他列的行数，如图 5-15 所示。

（4）转置统计结果。复制单元格区域 I1:N2，选中单元格 G1，采用 5.1 节介绍的方法进行转置，清除单元格区域 I1:N2 的数据，适当调整 G 列和 H 列的列宽。得到的效果如图 5-16 所示。

图 5-15 统计其他列的行数　　　　　　图 5-16 转置后的效果

在图 5-16 中，"性别"和"专业名称"统计的个数为 0，是因为这两列的取值不是数字类型。

3. 统计满足某个条件的单元格的数量

COUNTIF 函数可以统计满足某个条件的单元格的数量，其使用格式如下。

```
COUNTIF(range, criteria)
```

COUNTIF 函数的参数及其解释如表 5-3 所示。

表 5-3 COUNTIF 函数的参数及其解释

参数	参数解释
range	必需。表示要查找的单元格区域
criteria	必需。表示查找的条件，可以是数字、表达值或文本

Excel 数据分析实务

　　在"消费记录（清洗完数据）"工作表中，使用 COUNTIF 函数统计每个消费地点的计数。具体操作步骤如下。

　　（1）打开【高级筛选】对话框并进行设置。在【数据】选项卡的【排序和筛选】命令组中，单击【高级】按钮，在弹出的【高级筛选】对话框中，选择【将筛选结果复制到其他位置】单选按钮，设置【列表区域】为 M 列（即"消费地点"列），设置【复制到】为单元格 O1，勾选【选择不重复的记录】复选框，如图 5-17 所示。

　　（2）确定筛选设置。单击【确定】按钮，即可在单元格区域 O1:O20 显示每个消费地点，将 O 列的列宽设为 15。得到的效果如图 5-18 所示。

图 5-17　【高级筛选】对话框

图 5-18　显示每个消费地点

　　（3）输入公式。在单元格 P1 中输入"计数"，在单元格 P2 中输入"=COUNTIF(M:M,O2)"，如图 5-19 所示。

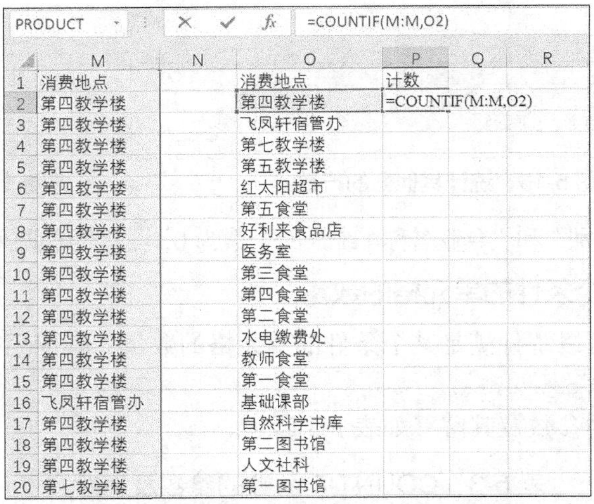

图 5-19　输入"=COUNTIF(M:M,O2)"

　　（4）确定公式。按【Enter】键，即可使用 COUNTIF 函数统计消费地点为第四教学楼的计数，如图 5-20 所示。

（5）填充公式。将鼠标指针移至单元格 P2 的右下角，当鼠标指针变为黑色加粗的"+"时双击，即可统计其他消费地点的计数，如图 5-21 所示。

图 5-20　第四教学楼的计数　　　　　图 5-21　统计其他消费地点的计数

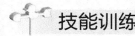

技能训练

1. 训练目的

为了解"进出情况（原始）"工作表中的缺失值情况，以便对其中的缺失值进行处理，需要使用 COUNTIFS 函数统计"进出情况（原始）"工作表中每一列的缺失值个数。得到的效果如图 5-22 所示。

2. 训练要求

（1）使用 COUNTIFS 函数统计"门禁卡号"列中的缺失值个数。

（2）使用 COUNTIFS 函数统计"进出门时间"列中的缺失值个数。

（3）同理，统计"进出门地址""进出门状态标识"和"进出门状态描述"列中的缺失值个数。

图 5-22　"进出情况（原始）"
工作表的缺失值统计结果

思考题

【导读】一个人的成功除了靠自身的勤奋努力外，谦虚严谨的工作态度是不可缺少的品格。例如，在制造业，哪怕是一个小小的螺丝钉，也需要工程人员非常严谨地对待。如果一个关键部位的螺丝钉不小心弄丢了，那么很可能会留下严重的安全隐患；在建造业，如果某根钢柱在安装时违反操作规程，那么就无法形成稳固的框架单元，随时可能造成倒塌等事故。因此，我们需要时刻提醒自己应该避免松散的习惯，保持严谨细致的工作态度。

【思考题】在电商平台，每一年将会通过统计与分析历史销售数据，为下一年的销售策略提供参考，但历史销售数据中往往会出现一些缺失和遗漏。假如您作为一个数据分析师，应该如何处理这个问题呢？

项目 ⑥　处理重复值

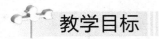

1．技能目标

（1）能根据需要查看工作表中的重复值。

（2）能根据实际情况筛选出工作表中的重复值。

（3）能根据实际情况删除工作表中的重复值。

2．知识目标

（1）掌握使用【突出显示单元格规则】命令查看重复值的方法。

（2）掌握使用【筛选】和【按颜色筛选】命令进行重复值筛选的方法。

（3）掌握【删除重复值】命令。

3．素养目标

（1）培养学生精益求精的工匠精神，坚守"对职业敬畏、对工作执着、对产品负责"的工作态度。

（2）培养学生严谨的工作作风，不骄不躁。

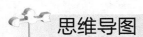

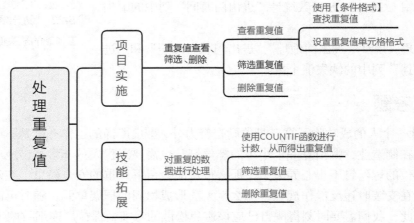

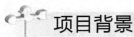

在"消费行为分析表-处理缺失值.xlsx"工作簿的"学生信息（清洗完数据）"工作表

中，每位学生的校园卡号和门禁卡号都是唯一的，如果出现了重复值，那么说明数据是有问题的。因为不可能出现两个相同校园卡号的学生，也不可能出现两个相同门禁卡号的学生，所以需要删除此类重复值。因此，需要检查校园卡号和门禁卡号是否存在重复值，并对重复值进行去重处理。

项目目标

（1）找出校园卡号和门禁卡号的重复值。
（2）对重复值进行去重处理。

项目分析

（1）通过【条件格式】的【查找重复值】功能，识别出重复值。
（2）对重复值进行颜色填充，并通过颜色筛选出重复值。
（3）对重复值进行删除，保留唯一值。

项目实施

将"消费行为分析表-处理缺失值.xlsx"工作簿另存为"消费行为分析表-处理重复值.xlsx"，并删除"学生信息（清洗完数据）"工作表的 G 列和 H 列，删除"消费记录（清洗完数据）"工作表的 O 列和 P 列，然后对校园卡号和门禁卡号的数据进行重复值的查看、筛选，并进行处理。

6.1 查看重复值

在"学生信息（清洗完数据）"工作表中，突出显示"门禁卡号"列的重复值。具体操作步骤如下。

（1）选择【重复值】选项。在【学生信息（清洗完数据）】工作表中，选中"门禁卡号"列，在【开始】选项卡的【样式】命令组中，单击【条件格式】按钮，在弹出的下拉列表中依次选择【突出显示单元格规则】选项→【重复值】选项，如图 6-1 所示。

图 6-1 选择【重复值】选项

（2）设置【重复值】对话框。在弹出的【重复值】对话框中，默认选择为【重复】值，默认设置为【浅红填充色深红色文本】，如图 6-2 所示。单击【确定】按钮。

（3）查看重复值。选择滚动条，滚动鼠标滚轮发现"门禁卡号"列中存在重复值，如图 6-3 所示。此时，由于数据量很大，需要滚动鼠标滚轮翻页并逐页查看，才能找出所有重复值。这样做不但耗时较长，并且很容易漏掉重复值，因此可以尝试使用更便捷的方式进行查看。

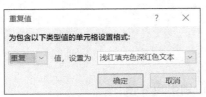

图 6-2 【重复值】对话框

图 6-3 查看门禁卡号的重复值

在"学生信息（清洗完数据）"工作表中，突出显示"校园卡号"列的重复值。具体操作步骤如下。

（1）选择【重复值】选项。在"学生信息（清洗完数据）"工作表中，选中"校园卡号"列，在【开始】选项卡的【样式】命令组中，单击【条件格式】按钮，在弹出的下拉列表中依次选择【突出显示单元格规则】选项→【重复值】选项。

（2）设置【重复值】对话框。在弹出的【重复值】对话框中，默认选择为【重复】值，设置为【黄填充色深黄色文本】，如图 6-4 所示。单击【确定】按钮。

（3）查看重复值。选择滚动条，往后滚动鼠标滚轮，发现"校园卡号"列中存在重复值，如图 6-5 所示。

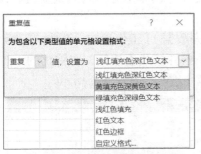

图 6-4 设置【重复值】对话框

图 6-5 查看校园卡号的重复值

6.2 筛选重复值

在"学生信息（清洗完数据）"工作表中，使用【筛选】功能，可以方便地查看突出显示的重复值。具体操作步骤如下。

（1）单击【筛选】按钮。在"学生信息（清洗完数据）"工作表中，选择"门禁卡号"列，在【数据】选项卡的【排序和筛选】命令组中，单击【筛选】按钮，如图 6-6 所示。

图 6-6　单击【筛选】按钮

（2）筛选重复值。单击"门禁卡号"列旁的倒三角按钮，在弹出的下拉列表中依次选择【按颜色筛选】选项→【按单元格颜色筛选】选项（也可以选择【按字体颜色筛选】选项），如图 6-7 所示；此时会显示重复值，如图 6-8 所示。

图 6-7　选择【按单元格颜色筛选】选项

按照相同的方法，查看"校园卡号"列的重复值，如图 6-9 所示。

图 6-8　显示门禁卡号的重复值

图 6-9　显示校园卡号的重复值

6.3　删除重复值

由图 6-8 和图 6-9 可知，门禁卡号和校园卡号的重复值并不多，可以进行删除处理。

由图 6-8 可知，门禁卡号相同的数据中，校园卡号都不相同，这可能是录入系统时填错了信息造成的。由于只有 3 个门禁卡号重复（即有 3 个学生的信息有误），占所有学生的门禁卡号数的百分比为 3÷4341≈0.069%，这个百分比非常小，因此可以对这 3 个重复的门禁卡号进行删除处理。

由图 6-9 可知，在具有相同校园卡号的 2 条数据中，性别不一样，可能是在数据录入系统时填错了信息。经核实，持该卡的学生性别为女。此外，这 2 条数据的门禁卡号也不一样，可能是该学生因校园一卡通丢失而重新办了一张，但是校园一卡通系统记录的数据是以"校园卡号"列为关键列，所以可以不用统一门禁卡号。

在"学生信息（清洗完数据）"工作表中，对"校园卡号"列的重复值进行删除处理。具体操作步骤为：选中第 4199 行的任意一个单元格，在【开始】选项卡的【单元格】命令组中，单击【删除】按钮，在弹出的下拉列表中选择【删除工作表行】选项，如图 6-10所示。

图 6-10　选择【删除工作表行】选项

通过 Excel 2016 的【删除重复值】功能可以删除重复值，只保留第 1 条数据。在"学生信息（清洗完数据）"工作表中，对"门禁卡号"列的重复值进行删除处理。具体操作步骤如下。

（1）取消筛选。在【数据】选项卡的【排序和筛选】命令组中，单击【筛选】按钮，使其处于不被选中的状态，即可取消筛选，如图 6-11 所示。

图 6-11　取消筛选

（2）单击【删除重复值】按钮。选择任意一个单元格，在【数据】选项卡的【数据工具】命令组中，单击【删除重复值】按钮，如图 6-12 所示。

（3）设置【删除重复值】对话框。在弹出的【删除重复值】对话框中，先单击【取消全选】按钮，再勾选【门禁卡号】复选框，如图 6-13 所示。单击【确定】按钮，即可删除重复值。此时会弹出【Microsoft Excel】提示对话框，如图 6-14 所示。再次单击【确定】按钮。

图 6-12　单击【删除重复值】按钮

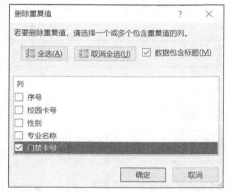

图 6-13　勾选【门禁卡号】复选框

图 6-14　【Microsoft Excel】提示对话框

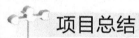

项目总结

本项目先通过设置条件格式的方法标记学生校园消费行为项目数据中的重复值，再通过颜色筛选的方法查看缺失值，最后通过 Excel 2016 中的删除重复值的方法对重复值进行处理。

技能拓展

假设对重复的门禁卡号或校园卡号进行处理时，不考虑其他字段，那么除了 6.1 节介绍的方法，还可以使用 COUNTIF 函数。用 COUNTIF 函数进行计数，若计数大于 1，则说明有重复值，需要对其进行处理（此方法只保留重复值的最后一条数据）。具体操作步骤如下。

（1）输入公式。打开"消费行为分析表-处理缺失值.xlsx"工作簿，删除"学生信息（清洗完数据）"工作表的 G 列和 H 列，在单元格 F1 中输入"门禁卡号重复次数"，并适当调整列宽，然后在单元格 F2 中输入"=COUNTIF(E2:E4342,E2)"，即统计单元格 E2 的值在单元格区域 E2:E4342 中重复出现的次数，如图 6-15 所示。

（2）确定公式。按【Enter】键，即可统计第 1 个门禁卡号的重复次数，结果为 1，如图 6-16 所示。

（3）统计第 2 个门禁卡号的重复次数。在单元格 F2 处按【Ctrl + C】组合键进行复制，在单元格 F3 处按【Ctrl + V】组合键进行粘贴，此时查看单元格 F3 中的公式，如图 6-17 所示。

图 6-15　输入"=COUNTIF(E2:E4342,E2)"

图 6-16　统计第 1 个门禁卡号的重复次数

图 6-17　查看单元格 F3 中的公式

图 6-17 所示的公式表示统计单元格 E3 的值在单元格区域 E3:E4343 中重复出现的次数，而门禁卡号的值所在的单元格区域是 E2:E4342，且不需要重复统计之前出现过的门禁卡号，所以在复制公式的时候，只需固定单元格 E4342。

（4）固定公式中的"E4342"。选中单元格 F2，在公式栏中，将光标移至"E4342"，按【F4】键，此时"E4342"变为"$E$4342"，如图 6-18 所示。其中，"$"表示绝对引用，使其位置不可改变，"$E$4342"表示固定 E 列第 4342 行，"$E"表示固定 E 列，"$4342"表示固定第 4342 行。

图 6-18　固定公式中的"E4342"

（5）填充公式。将鼠标指针移至单元格 F2 的右下角，当鼠标指针变为黑色加粗的"+"时双击，由于双击之前单元格 F3 不是空值，因此双击后只填充至单元格 F3，如图 6-19 所示。此时将鼠标指针移至单元格 F3 的右下角，当鼠标指针变为黑色加粗的"+"时双击，即可得到每个门禁卡号的重复次数，如图 6-20 所示。

	A	B	C	D	E	F	G
1	序号	校园卡号	性别	专业名称	门禁卡号	门禁卡号重复次数	
2	1	180001	男	18国际金融	19762330	1	
3	2	180002	男	18国际金融	20521594	1	
4	3	180003	男	18国际金融	20513946		
5	4	180004	男	18国际金融	20018058		
6	5	180005	男	18国际金融	20945770		
7	6	180006	男	18国际金融	21527898		
8	7	180007	男	18国际金融	20521386		
9	8	180008	男	18国际金融	20541770		
10	9	180009	女	18国际金融	19607146		
11	10	180010	女	18国际金融	21018938		

图 6-19　填充至单元格 F3

	A	B	C	D	E	F	G
1	序号	校园卡号	性别	专业名称	门禁卡号	门禁卡号重复次数	
2	1	180001	男	18国际金融	19762330	1	
3	2	180002	男	18国际金融	20521594	1	
4	3	180003	男	18国际金融	20513946	1	
5	4	180004	男	18国际金融	20018058	1	
6	5	180005	男	18国际金融	20945770	1	
7	6	180006	男	18国际金融	21527898	1	
8	7	180007	男	18国际金融	20521386	1	
9	8	180008	男	18国际金融	20541770	1	
10	9	180009	女	18国际金融	19607146	1	
11	10	180010	女	18国际金融	21018938	1	

图 6-20　每个门禁卡号的重复次数

（6）筛选重复值。在【数据】选项卡的【排序和筛选】命令组中，单击【筛选】按钮。单击"门禁卡号重复次数"列旁的倒三角按钮，在弹出的下拉列表中取消选择取值"1"，即只保留取值为"2"的数据，如图 6-21 所示；单击【确定】按钮，即可查看重复值，如图 6-22 所示。

图 6-21　取消选择取值"1"

	A	B	C	D	E	F
1	序号	校园卡号	性别	专业名称	门禁卡号	门禁卡号重复次数
849	848	180848	女	18连锁经营	19836314	2
2386	2385	182385	女	18国际商务	20529498	2
4187	4186	184186	女	18国际商务	17638197	2

学生信息（清洗完数据）　消费记录（清洗完数据）　⊕

在 4341 条记录中找到 3 个

图 6-22　查看门禁卡号的重复值

Excel 数据分析实务

以门禁卡号"19836314"为例，在图 6-8 中显示重复的数值在第 849 行和第 2248 行，而在图 6-22 中显示在第 849 行的时候，该门禁卡号统计区域内出现的次数为 2，是因为这一列使用的公式计算到第 2248 行时，统计区域为 E2248:E4342，所以不会统计第 2248 行之前的门禁卡号。

（7）删除重复值。选中图 6-22 中门禁卡号重复次数为 2 的行，右键单击选中的区域，在弹出的快捷菜单中选择【删除行】命令，如图 6-23 所示。

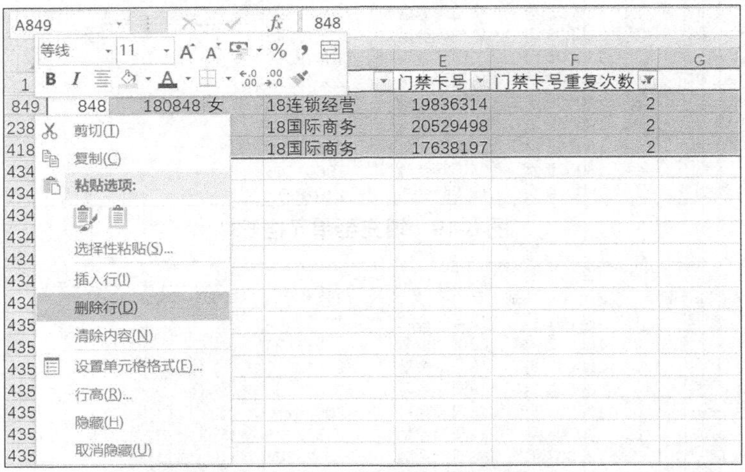

图 6-23　选择【删除行】命令

（8）取消筛选。在【数据】选项卡的【排序和筛选】命令组中，单击【筛选】按钮，使其处于不被选中的状态，即可取消筛选，如图 6-24 所示。

图 6-24　取消筛选

（9）统计校园卡号重复次数。采用和统计门禁卡号的重复次数相同的方法，统计校园卡号的重复次数。具体操作步骤如下。

① 在单元格 G1 中输入"校园卡号重复次数"，并适当调整列宽，然后在单元格 G2 中输入"=COUNTIF(B2:$B$4339,B2)"，如图 6-25 所示。由于在步骤（7）中删除了 3 条重复的数据，因此此时校园卡号的值的单元格区域是 E2:E4339。

	A	B	C	D	E	F	G	H
1	序号	校园卡号	性别	专业名称	门禁卡号	门禁卡号重复次数	校园卡号重复次数	
2	1	180001	男	18国际金融	19762330	1	=COUNTIF(B2:$B$4339,B2)	
3	2	180002	男	18国际金融	20521594	1		
4	3	180003	男	18国际金融	20513946	1		
5	4	180004	男	18国际金融	20018058	1		
6	5	180005	男	18国际金融	20945770	1		
7	6	180006	男	18国际金融	21527898	1		
8	7	180007	男	18国际金融	20521386	1		
9	8	180008	男	18国际金融	20541770	1		
10	9	180009	女	18国际金融	19607146	1		
11	10	180010	女	18国际金融	21018938	1		

图 6-25　输入"=COUNTIF(B2:$B$4339,B2)"

② 按【Enter】键，然后将鼠标指针移至单元格 G2 的右下角，当鼠标指针变为黑色加粗的"+"时双击，即可得到每个校园卡号的重复次数，如图 6-26 所示。

	A	B	C	D	E	F	G
1	序号	校园卡号	性别	专业名称	门禁卡号	门禁卡号重复次数	校园卡号重复次数
2	1	180001	男	18国际金融	19762330	1	1
3	2	180002	男	18国际金融	20521594	1	1
4	3	180003	男	18国际金融	20513946	1	1
5	4	180004	男	18国际金融	20018058	1	1
6	5	180005	男	18国际金融	20945770	1	1
7	6	180006	男	18国际金融	21527898	1	1
8	7	180007	男	18国际金融	20521386	1	1
9	8	180008	男	18国际金融	20541770	1	1
10	9	180009	女	18国际金融	19607146	1	1
11	10	180010	女	18国际金融	21018938	1	1

图 6-26　每个校园卡号的重复次数

③ 在【数据】选项卡的【排序和筛选】命令组中，单击【筛选】按钮。单击"校园卡号重复次数"列旁的倒三角按钮，在弹出的下拉列表中取消选择取值"1"，即只保留取值为"2"的数据，如图 6-27 所示。

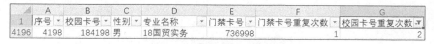

	A	B	C	D	E	F	G
1	序号 ▼	校园卡号 ▼	性别 ▼	专业名称 ▼	门禁卡号 ▼	门禁卡号重复次数 ▼	校园卡号重复次数 ▼
4196	4198	184198	男	18国贸实务	736998	1	2

图 6-27　查看校园卡号的重复值

④ 删除图 6-27 所示的第 4196 行数据，然后取消筛选。

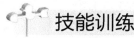

技能训练

1. 训练目的

在资料录入过程中，有时因为时间紧迫，所以可能同时用几台计算机进行资料录入。在将资料导入同一工作表中时，有时会出现不少内容重复的现象，而在上报资料时又必须删除重复项，如果资料量大，单个删除将会耗费大量的人力和时间，因此可使用前文介绍的方法删除重复的数据。现已将学校六年级第一学期期末成绩整理到一个工作簿中，需要检查是否存在重复值，如果有重复值，那么需要做删除处理。处理后的效果如图 6-28 所示。

2. 训练要求

（1）在"成绩表"工作表中，通过【条件格式】功能检查是否存在重复值。

（2）通过【筛选】功能，查看重复值。

（3）对重复值进行删除并保留唯一值。

Excel 数据分析实务

	A	B	C	D
1	学号	语文	数学	英语
2	1509011015	95	87	100
3	1509011021	59	57	80
4	1509011033	91	85	79
5	1509011046	86	87	71
6	1509011057	75	94	66
7	1509011066	63	65	99
8	1509011072	74	97	74
9	1509011087	56	97	81
10	1509011093	69	75	65

成绩表

图 6-28　处理重复值后的成绩表

 思考题

【导读】"工匠精神"在当今企业管理中有着重要的学习价值。在没有发明电灯泡之前，人们照明一般是使用蜡烛、煤油灯，不仅灯光昏暗而且不安全，于是爱迪生决心发明一种耐用、明亮的电灯泡。在发明过程中，爱迪生做了很多实验，都失败了，许多人嘲笑他是白日做梦。面对别人的质疑和嘲笑，爱迪生并没有放弃灯丝实验的计划，反而以此为动力继续展开自己的科学研究，在尝试了超过 6000 次的实验后，功夫不负有心人，他发现了钨丝可以作为电灯丝材料，其不仅发出的光十分明亮，而且不易烧断，适合长期使用。这种坚持不懈、不畏失败、精益求精的工匠精神值得我们学习。

【思考题】在大数据时代，数据往往会出现重复、冗余，从而占用大量的空间。为了避免此情况通常需要对原始数据进行处理，以提取有用的数据，请思考在提取过程中人们需要具备怎么样的工作态度？

项目 7 使用 Power Query 方法处理数据

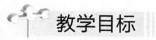 教学目标

1. 技能目标

（1）能使用 Power Query 导入数据。
（2）能使用 Power Query 处理异常值。
（3）能使用 Power Query 处理缺失值。
（4）能使用 Power Query 处理重复值。

2. 知识目标

（1）掌握 Power Query 导入数据的操作办法。
（2）掌握 Power Query 进行数据处理的操作方法。
（3）掌握 Power Query 生成处理后的结果的操作方法。

3. 素养目标

（1）引导学生钻研技术，以学术为引领，激发学生科技创新的热情。
（2）培养学生的职业素养和工匠精神。

思维导图

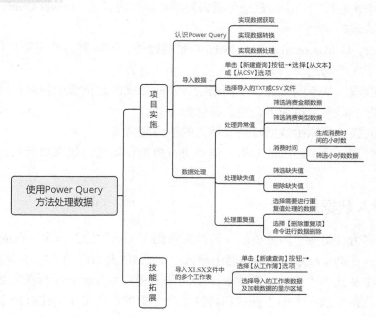

Excel 数据分析实务

项目背景

在项目 4、5、6 中使用了较为常规的方法清洗数据，即处理异常值、处理缺失值、处理重复值。对于常规的清洗数据的方法，效率相对较低，而通过 Power Query 可以有效地提高数据清洗的效率。

项目目标

（1）使用 Power Query 清洗数据，找出异常值、缺失值和重复值。
（2）使用 Power Query 删除异常值、缺失值和重复值。

项目分析

（1）在 Power Query 中导入"消费记录表.csv"文件和"学生 ID 表.txt"文件。
（2）创建一个处理过程，包括处理异常值、缺失值和重复值。
（3）最后生成处理后的结果。

项目实施

7.1　认识 Power Query

Power Query（查询增强版）为 Excel 2016 的一个插件。Power Query 在 Excel 2016 中通过简化数据发现、访问和合作的操作，从而增强了商业智能自助服务体验。Power Query 将不同来源的数据源整合在一起，建立数据模型，为使用 Excel 2016、Power Pivot、Power View、Power Map 进行进一步的数据分析做好准备。简而言之，Power Query 是为了实现数据获取和数据清理的一个工具。

Power Query 是 Microsoft Office 2016 自带的插件，不需要另外安装。在 Power Query 中可以实现以下 3 个功能。

（1）数据获取：从不同来源、不同结构、不同形式的数据源中获取数据，并按统一格式进行横向合并、纵向（追加）合并、条件合并等。

（2）数据转换：将原始数据转换成期望的结构或格式。

（3）数据处理：为了后续的分析，需要进行数据预处理，如添加新列、新行和处理某些单元格值等。

7.2　导入数据

新建一个名为"消费行为分析表（清洗完数据）.xlsx"的工作簿，根据项目 2 介绍的方法获取数据。在 Power Query 编辑器中导入"学生 ID 表.txt"文件，具体操作步骤如下。

（1）选择【从文本】选项。新建一个名为"消费行为分析表（清洗完数据）.xlsx"的工作簿，在【数据】选项卡的【获取和转换】命令组中，单击【新建查询】按钮，在弹出的下拉列表中依次选择【从文件】选项→【从文本】选项，如图 7-1 所示。

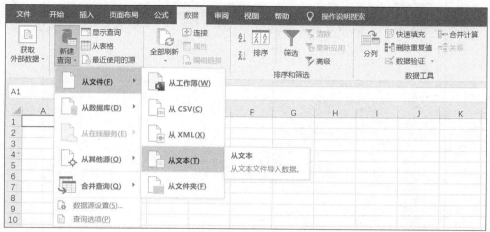

图 7-1 选择【从文本】选项

（2）选择需要导入的"学生 ID 表.txt"文件。在弹出的【导入数据】对话框中，选择"学生 ID 表.txt"，如图 7-2 所示。单击【导入】按钮。

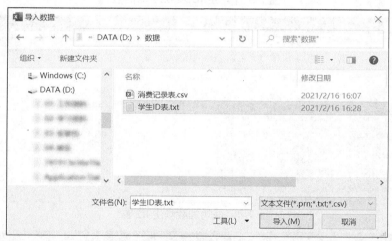

图 7-2 选择【学生 ID 表.txt】

（3）加载学生 ID 表。在弹出图 7-3 所示的【学生 ID 表.txt】对话框中，单击【加载】按钮，即可在 Excel 2016 中新建一个"Sheet2"工作表存放学生 ID 表，如图 7-4 所示。将"Sheet2"工作表重命名为"学生信息表"。

在 Power Query 编辑器中导入"消费记录表.csv"文件，具体操作步骤如下。

（1）选择【从 CSV】选项。在【数据】选项卡的【获取和转换】命令组中，单击【新建查询】按钮，在弹出的下拉列表中依次选择【从文件】选项→【从 CSV】选项，如图 7-5 所示。

（2）选择需要导入的"消费记录表.csv"文件。在弹出的【导入数据】对话框中，选择"消费记录表.csv"，如图 7-6 所示。单击【导入】按钮。

Excel 数据分析实务

图 7-3 【学生 ID 表.txt】对话框

图 7-4 成功加载学生 ID 表

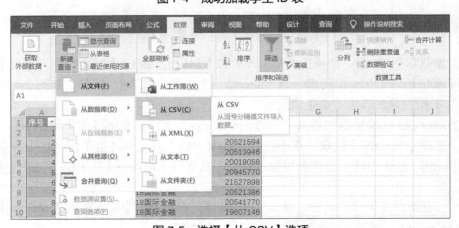

图 7-5 选择【从 CSV】选项

图 7-6　选择"消费记录表.csv"

（3）加载消费记录表。在弹出图 7-7 所示的【消费记录表.csv】对话框中，单击【加载】按钮，即可在 Excel 2016 中新建一个"Sheet3"工作表存放消费记录表，如图 7-8 所示。将"Sheet3"工作表重命名为"消费记录表"，删除"Sheet1"工作表。

图 7-7　【消费记录表.csv】对话框

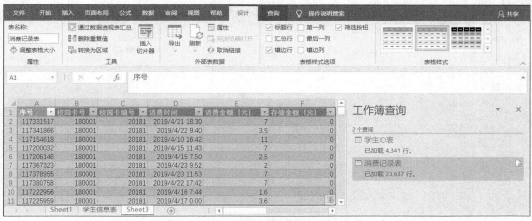

图 7-8　成功加载消费记录表

7.3 数据处理

在项目 4、5、6 中介绍了对数据进行异常值、缺失值和重复值处理，本节将使用 Power Query 以更简单、便捷的方式对数据进行处理。

7.3.1 处理异常值

在"消费记录表"工作表中，使用 Power Query 可以处理消费金额、消费类型、消费时间的异常值。

1. 处理消费金额的异常值

使用 Power Query 处理"消费记录表"工作表中的消费金额的异常值。具体操作步骤如下。

（1）打开【消费记录表 - Power Query 编辑器】界面。在【查询】选项卡的【编辑】命令组中，单击【编辑】按钮，如图 7-9 所示。打开【消费记录表 - Power Query 编辑器】界面，如图 7-10 所示。

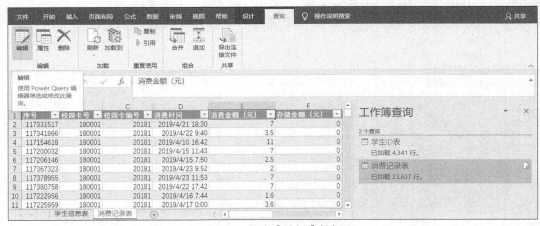

图 7-9　单击【编辑】按钮

图 7-10　打开【消费记录表 - Power Query 编辑器】界面

（2）打开【筛选行】对话框。在【消费记录表 - Power Query 编辑器】界面中，单击"消费金额（元）"列旁边的倒三角按钮，在弹出的下拉列表中，依次选择【数字筛选器】选项→【小于】选项，即可打开【筛选行】对话框，如图 7-11 所示。

图 7-11　选择【小于】选项

（3）筛选出【消费金额（元）】小于 300 的记录。在【筛选行】对话框中，设置第 1 个筛选条件为"小于""300"，如图 7-12 所示。单击【确定】按钮，此时在【查询设置】窗格的【应用的步骤】列表框中会显示操作记录，如图 7-13 所示。

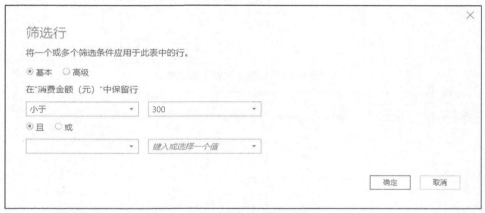

图 7-12　【筛选行】对话框

2. 处理消费类型的异常值

在【消费记录表 - Power Query 编辑器】界面中，筛选消费类型为"消费"的数据。具体操作步骤如下。

（1）显示"消费类型"列的取值。单击"消费类型"列旁边的倒三角按钮，在弹出的下拉列表中，选择【加载更多】选项，即可显示消费类型的 4 种取值，如图 7-14 所示。

（2）筛选消费类型为"消费"的数据。取消勾选【全选】复选框，再勾选【消费】复选框，如图 7-15 所示。单击【确定】按钮，即可筛选消费类型为"消费"的数据，如图 7-16 所示。

图 7-13 【查询设置】窗格

图 7-14 显示"消费类型"列的取值

图 7-15 勾选【消费】复选框

图 7-16 筛选出消费类型为"消费"的数据

3. 处理消费时间的异常值

在【消费记录表 - Power Query 编辑器】界面中，筛选小时数为 5～24 的数据。具体操作步骤如下。

（1）添加"小时"列。在【添加列】选项卡的【从日期和时间】命令组中，单击【时间】按钮，在弹出的下拉列表中依次选择【小时】选项→【小时】选项，如图 7-17 所示。此时在表的最后一列将会增加"小时"列，如图 7-18 所示。

图 7-17　选择【小时】选项

图 7-18　成功添加"小时"列

（2）显示"小时"列的取值。单击"小时"列旁边的倒三角按钮，在图 7-19 所示的下拉列表中，选择【加载更多】选项，即可显示"小时"列的所有取值，如图 7-20 所示。

图 7-19　"小时"列的下拉列表

图 7-20　显示"小时"列所有的取值

（3）筛选小时数为 5～24 的数据。在图 7-20 所示的下拉列表中，取消勾选［0］［2］［3］

[4] 这 4 个复选框，单击【确定】按钮即可得到小时数为 5～24 的数据。

7.3.2 处理缺失值

在【消费记录表 - Power Query 编辑器】界面中，对缺失值进行处理。具体操作步骤如下。

（1）查看第一列是否有缺失值。单击"序号"列旁边的倒三角按钮，在弹出的下拉列表中选择【加载更多】选项，查看数据是否存在空值，如图 7-21 所示。

（2）查看其他列是否有缺失值。按照步骤（1）的方法，对其他列进行查看，发现"消费项目的序列号"列只有一个取值，即空值"NULL"，如图 7-22 所示。"消费操作的编码"列也是如此。

图 7-21 查看"序号"列是否有空值

图 7-22 "消费项目的序列号"列的值为空值

（3）选择需删除的列。选择"消费项目的序列号"列，按住【Shift】键同时选择"消费操作的编码"列。注意，该操作可以选择连续的选项，而使用 5.2 节介绍的使用【Ctrl】键的方法可以选择不连续的选项。

（4）删除"消费项目的序列号"列和"消费操作的编码"列。右键单击步骤（3）选中的两列，在弹出的快捷菜单中选择【删除列】命令，如图 7-23 所示。将删除所选缺失值，结果如图 7-24 所示。

图 7-23 选择【删除列】命令

图 7-24　删除缺失值后的结果

（5）保存处理结果。单击【消费记录表 - Power Query 编辑器】界面左上角的【文件】，选择【关闭并上载】命令，即可保存处理结果至 Excel 2016 中，如图 7-25 所示。

图 7-25　选择【关闭并上载】命令

7.3.3　处理重复值

由于校园卡号和门禁卡号都是唯一的，因此需要对这两列的重复值进行去重处理。具体操作步骤如下。

（1）打开【学生 ID 表 - Power Query 编辑器】界面。在"学生信息表"工作表中，将鼠标指针移至【工作簿查询】窗格的【学生 ID 表】，会出现学生 ID 表的加载信息，如图 7-26 所示。单击下方的【编辑】按钮，即可打开【学生 ID 表 - Power Query 编辑器】界面，如图 7-27 所示。

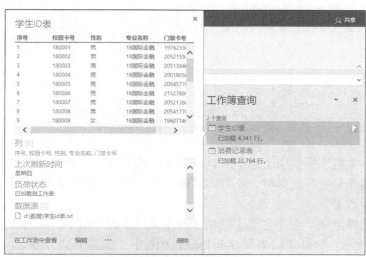

图 7-26　学生 ID 表的加载信息

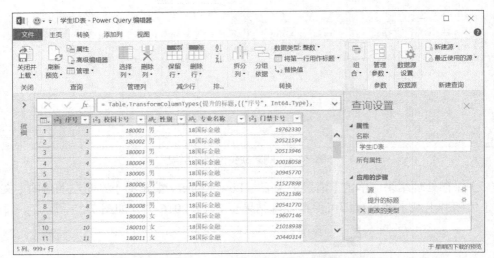

图 7-27 【学生 ID 表 - Power Query 编辑器】界面

（2）删除"校园卡号"列和"门禁卡号"列的重复值。右键单击"校园卡号"列，在弹出的快捷菜单中选择【删除重复项】命令，即可删除"校园卡号"列中的重复值，如图 7-28 所示。按照相同的方法删除"门禁卡号"列的重复值。

图 7-28 选择【删除重复项】命令

注意，执行【删除重复项】命令后，只保留重复值的第 1 条数据。此处假设对重复的门禁卡号或校园卡号进行处理时，不考虑其他字段，可以保留重复值的第 1 条数据，也可以保留最后 1 条数据。

（3）保存处理结果。在【主页】选项卡的【关闭】命令组中，单击【关闭并上载】按钮，如图 7-29 所示。将处理结果保存至 Excel 2016 中，如图 7-30 所示。

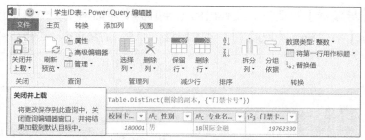

图 7-29 单击【关闭并上载】图标

图 7-30 处理后的"学生信息表"工作表

项目总结

本项目主要介绍如何使用 Power Query 解决项目 2、4、5、6 中的问题,包括导入数据,处理异常值、缺失值、重复值等。相对项目 2、4、5、6 中介绍的方法,使用 Power Query 更为便捷。

技能拓展

在 7.2 节中,导入的数据在 CSV 和 TXT 文件中,如果导入的数据在 XLSX 文件中,且有多个工作表,那么导入的形式会有所区别。使用 Power Query 导入"消费行为分析表-获取文本数据.xlsx"工作簿的"学生信息(原始)"工作表和"消费情况(原始)"工作表。具体操作步骤如下。

(1)选择【从工作簿】选项。新建一个名为"消费行为分析表.xlsx"的工作簿,在【数据】选项卡的【获取和转换】命令组中,单击【新建查询】按钮,在弹出的下拉列表中依次选择【从文件】选项→【从工作簿】选项,如图 7-31 所示。

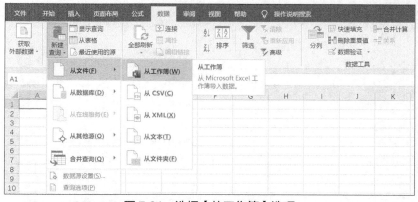

图 7-31 选择【从工作簿】选项

（2）设置【导航器】对话框。在弹出的【导航器】对话框中，勾选【选择多项】复选框，再分别勾选【消费情况（原始）】【学生信息（原始）】复选框，如图 7-32 所示。

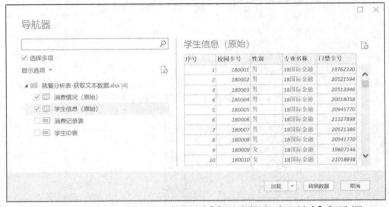

图 7-32　勾选【消费情况（原始）】【学生信息（原始）】复选框

（3）加载所需要的工作表。单击【加载】按钮，在 Excel 2016 中出现【工作簿查询】窗格，记录着加载的工作表及其行数，如图 7-33 所示。

图 7-33　【工作簿查询】窗格

在图 7-33 所示的工作表中并没有展示导入的数据，是因为在加载数据的时候，默认选择的是【仅创建连接】单选按钮。右键单击第 1 个查询，在弹出的快捷菜单中选择【加载到】命令，如图 7-34 所示。在弹出的图 7-35 所示的【加载到】对话框中可以看出在【请选择该数据在工作簿中的显示方式。】列表中选择的是【仅创建连接】单选按钮。

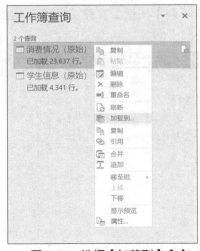

图 7-34　选择【加载到】命令　　　　图 7-35　【加载到】对话框

但是这并不影响使用 Power Query 处理数据，将鼠标指针移至【工作簿查询】窗格的【消费情况（原始）】，会出现相关的加载信息，如图 7-36 所示。单击下方的【编辑】按钮即可打开【消费情况（原始）- Power Query 编辑器】界面，如图 7-37 所示。然后进行相关的数据处理。

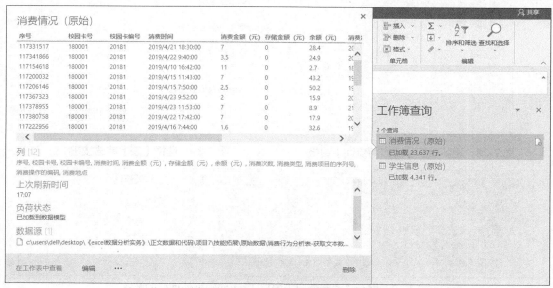

图 7-36　【消费情况（原始）】的加载信息

图 7-37　【消费情况（原始）- Power Query 编辑器】界面

对数据进行处理后，在【主页】选项卡的【关闭】命令组中，单击【关闭并上载】按钮，即可回到 Excel 2016 界面，此时在【工作簿查询】窗格中会更新数据信息，如图 7-38 所示。

若需要在工作表中展示处理后的数据，则具体操作步骤如下。

（1）在【工作簿查询】窗格中，右键单击第 1 个查询，在弹出的快捷菜单中选择【加载到】命令，弹出【加载到】对话框。

（2）在【请选择该数据在工作簿中的显示方式。】列表中选择【表】单选按钮，如图 7-39 所示。在新的工作表中存放"消费情况（原始）"工作表被处理后的数据，如图 7-40 所示。将"Sheet2"工作表重命名为"消费记录（清洗完数据）"。

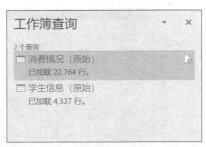

图 7-38　更新后的【工作簿查询】窗格　　　　图 7-39　选择【表】单选按钮

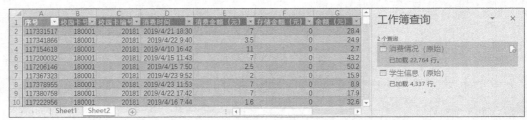

图 7-40　展示"消费情况（原始）"工作表被处理后的数据

（3）按照相同的方法，将"学生信息（原始）"工作表被处理后的数据复制到新的工作表中，如图 7-41 所示。将"Sheet3"工作表重命名为"学生信息（清洗完数据）"，并删除"Sheet1"工作表。

图 7-41　展示"学生信息（原始）"工作表被处理后的数据

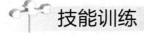 技能训练

1. 训练目的

（1）分析"消费记录表"工作表中的消费地点，将消费地点为"财务处"和"财务部"的数据视为异常值，使用 Power Query 进行删除处理。

（2）使用 Power Query 删除消费时间异常的数据。假设所有消费地点的营业时间为 6:00～24:00，并且星期一至星期五的 8:00～10:00 和 14:00～16:00 为所有学生上课的时间，那么消费时间为 0:00～6:00、星期一至星期五 8:00～10:00 和 14:00～16:00 的所有消费记录即可视为异常值，对这些异常数据进行删除处理。处理后的 Power Query 编辑器界面如图 7-42 所示。最终得到的 Excel 2016 界面如图 7-43 所示。

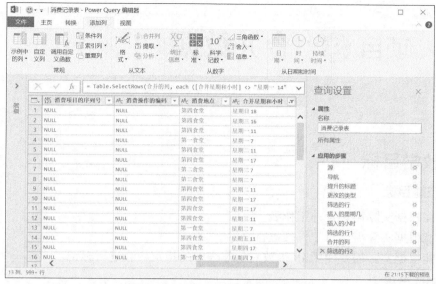

图 7-42 Power Query 编辑器界面

图 7-43 最终得到的 Excel 2016 界面

2．训练要求

（1）新建一个工作簿，使用 Power Query 导入"消费记录表.xlsx"文件中的数据。

（2）查看"消费地点"列的取值，筛选消费地点不为"财务处"和"财务部"的数据。

（3）通过添加列的方式，提取消费时间的星期和小时数。

（4）筛选营业时间为 6:00～24:00 的数据。

（5）选中"星期"列和"小时数"列并右键单击，在弹出的快捷菜单中选择【合并列】命令，以空格为分隔符号进行合并。

（6）筛选星期一至星期五时间段为 7:00～8:00、10:00～14:00 和 16:00～23:00 的数据。

（7）保存处理结果，回到 Excel 2016 界面，并将"Sheet2"工作表重命名为"消费记录"，删除"Sheet1"工作表。

思考题

【导读】创新是一个国家一个民族进步的不竭动力。创新包括理论创新、制度创新、技术创新、文化创新及其他各方面的创新。回看我国近几十年的发展，就是一部创新发展史。在科技竞争中，惟创新者进，惟创新者强，惟创新者胜。

【思考题】假如您是一名科技公司的技术人员，在您工作的领域您将会进行哪些技术革新或发明创造哪些产品？

项目 ⑧ 合并数据

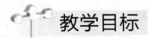

教学目标

1. 技能目标

（1）能根据实际需要合并工作表。

（2）能根据实际需要对工作表进行排序。

（3）能根据实际需要使用 IF 函数对工作表中的指定内容进行标记。

2. 知识目标

（1）掌握运用 VLOOKUP 函数进行数据合并的方法。

（2）掌握【排序】功能的使用方法。

（3）掌握 IF 函数的使用方法。

3. 素养目标

（1）弘扬中华民族勤俭节约的优良传统，培养学生树立正确的消费观念。

（2）引导学生培养良好的学习习惯，脚踏实地，激发学生为实现中华民族伟大复兴而努力学习。

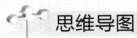

思维导图

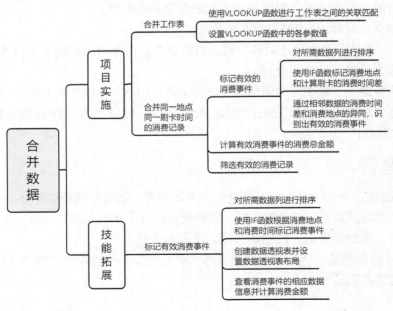

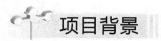 项目背景

　　由于"消费记录（清洗完数据）"工作表中缺少"学生信息（清洗完数据）"工作表所包含的信息，当对"消费记录（清洗完数据）"工作表进行分析时，无法考虑"性别"和"专业"等指标。同时，"消费记录（清洗完数据）"工作表存在部分无效信息，会对后续的分析产生影响。因此需要合并"消费记录（清洗完数据）"工作表和"学生信息（清洗完数据）"工作表，并进一步分析出有效的打卡记录，统计出同一地点同一刷卡时间的有效消费记录和消费金额。

项目目标

　　（1）通过"校园卡号"列关联匹配，将"学生信息（清洗完数据）"工作表和"消费记录（清洗完数据）"工作表进行合并。
　　（2）分析处理合并后的数据，得到学生在同一地点、同一刷卡时间的有效消费记录和消费金额。

项目分析

　　（1）使用 VLOOKUP 函数，以"校园卡号"为唯一匹配值，合并"学生信息（清洗完数据）"工作表和"消费记录（清洗完数据）"工作表。
　　（2）使用【排序】功能，将相同校园卡号的消费记录进行排序。
　　（3）使用 IF 函数标记出相同校园卡号、不同的消费地点。
　　（4）使用 IF 函数分析相同校园卡号消费的前后时间差，若是不同校园卡号的消费记录则记录时间差为"NULL"。
　　（5）根据步骤（3）～步骤（4）的计算结果，使用 IF 函数标记有效的消费记录。
　　（6）使用【筛选】功能筛选有效的消费记录。

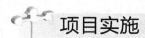 项目实施

8.1 合并工作表

　　VLOOKUP 函数可以在表格或数值数组的首列查找指定的数值，并返回表格或数组当前行中指定列的数值。VLOOKUP 函数的使用格式如下。

```
VLOOKUP(lookup_value, table_array, col_index_num, range_lookup)
```

VLOOKUP 函数的参数及其解释如表 8-1 所示。

表 8-1　VLOOKUP 函数的参数及其解释

参数	参数解释
lookup_value	必需。表示需要查找的目标值
table_array	必需。表示查找的范围

续表

参数	参数解释
col_index_num	必需。表示 table_array 中待返回的匹配值的列序号
range_lookup	可选。表示具体解释函数返回时是精确匹配还是近似匹配。若为 TURE 或省略，则返回近似匹配值。若为 FALSE，则函数将返回精确匹配值

在"消费行为分析表-处理重复值.xlsx"工作簿中，使用 VLOOKUP 函数以"校园卡号"列关联匹配，合并"学生信息（清洗完数据）"工作表和"消费记录（清洗完数据）"工作表，将"学生信息（清洗完数据）"工作表中的性别、专业、门禁卡号匹配至"消费记录（清洗完数据）"工作表中。具体操作步骤如下。

（1）插入空白列。在"消费记录（清洗完数据）"工作表中，右键单击"消费时间"列，选择图 8-1 所示的【插入】命令，即可插入一列空白列。按照相同的方法，再插入 2 列空白列。在这 3 列空白列的第 1 行依次输入"性别""专业""门禁卡号"，如图 8-2 所示。

图 8-1　选择【插入】命令

图 8-2　输入"性别""专业""门禁卡号"

（2）匹配门禁卡号。具体操作步骤如下。

① 选择【VLOOKUP】函数。以门禁卡号为例，选中单元格 F2，在编辑栏中单击 *fx* 按钮，弹出【插入函数】对话框，在【或选择类别】中选择【查找与引用】选项，在【选择函数】中选择【VLOOKUP】函数，如图 8-3 所示。

② 设置【函数参数】对话框。单击【确定】按钮，在弹出的【函数参数】对话框中，当光标在【Lookup_value】中时，下方会出现【Lookup_value】的解释，如图 8-4 所示。单击【Lookup_value】右侧的 ↑ 按钮，选择单元格 B2，单击 ▣ 按钮回到【函数参数】对话框；

单击【Table_array】右侧的 ⬆ 按钮，选择"学生信息（清洗完数据）"工作表中的 B 列至 E 列，单击 按钮回到【函数参数】对话框；在【Col_index_num】中输入"4"，在【Range_lookup】中输入"0"，如图 8-5 所示。

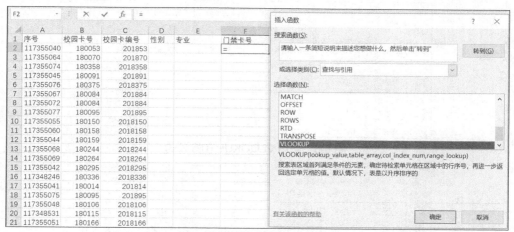

图 8-3　【插入函数】对话框

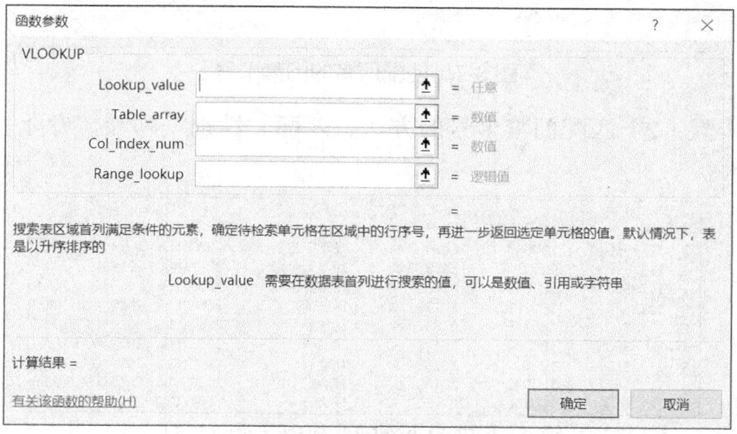

图 8-4　【Lookup_value】的解释

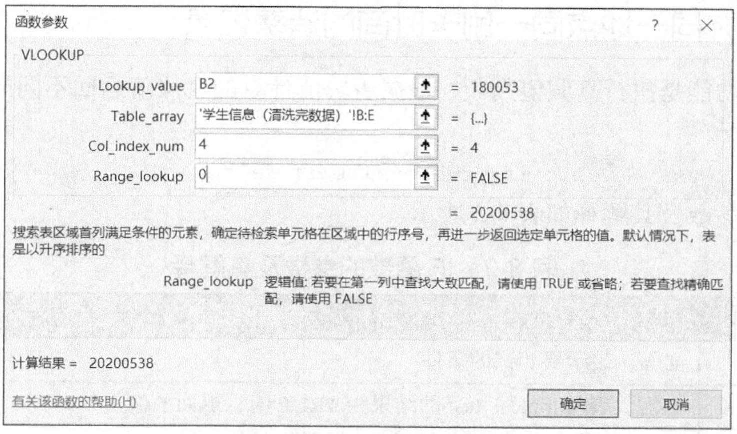

图 8-5　设置【函数参数】对话框

③ 匹配"门禁卡号"列对应的数据。单击图 8-5 所示的【确定】按钮，即可在单元格 F2 中引用函数公式，如图 8-6 所示。将鼠标指针移至单元格 F2 的右下角，当指标变为黑色加粗的"+"时双击，即可匹配到其他门禁卡号，如图 8-7 所示。

	A	B	C	D	E	F	G
	F2			fx	=VLOOKUP(B2,'学生信息（清洗完数据）'!B:E,4,0)		
1	序号	校园卡号	校园卡编号	性别	专业	门禁卡号	消费时间
2	117355040	180053	201853			20200538	2019/4/10 18:21
3	117355064	180070	201870				2019/4/17 12:03
4	117355074	180358	2018358				2019/4/20 16:19
5	117355045	180091	201891				2019/4/11 18:57
6	117355076	180375	2018375				2019/4/22 10:05
7	117355067	180084	201884				2019/4/17 18:15
8	117355072	180084	201884				2019/4/19 12:08
9	117355077	180095	201895				2019/4/22 12:25
10	117355055	180150	2018150				2019/4/15 16:29

图 8-6　引用 VLOOKUP 函数公式

	A	B	C	D	E	F	G
1	序号	校园卡号	校园卡编号	性别	专业	门禁卡号	消费时间
2	117355040	180053	201853			20200538	2019/4/10 18:21
3	117355064	180070	201870			20711866	2019/4/17 12:03
4	117355074	180358	2018358			20164106	2019/4/20 16:19
5	117355045	180091	201891			21649338	2019/4/11 18:57
6	117355076	180375	2018375			21108090	2019/4/22 10:05
7	117355067	180084	201884			21527562	2019/4/17 18:15
8	117355072	180084	201884			21527562	2019/4/19 12:08
9	117355077	180095	201895			20305386	2019/4/22 12:25
10	117355055	180150	2018150			20747034	2019/4/15 16:29

图 8-7　匹配所有的门禁卡号

（3）按照步骤（2）匹配门禁卡号的方法，匹配"性别"列和"专业"列。得到的结果如图 8-8 所示。

	A	B	C	D	E	F	G
1	序号	校园卡号	校园卡编号	性别	专业	门禁卡号	消费时间
2	117355040	180053	201853	女	18国际金融	20200538	2019/4/10 18:21
3	117355064	180070	201870	女	18国际金融	20711866	2019/4/17 12:03
4	117355074	180358	2018358	女	18审计	20164106	2019/4/20 16:19
5	117355045	180091	201891	女	18会计	21649338	2019/4/11 18:57
6	117355076	180375	2018375	女	18审计	21108090	2019/4/22 10:05
7	117355067	180084	201884	女	18会计	21527562	2019/4/17 18:15
8	117355072	180084	201884	女	18会计	21527562	2019/4/19 12:08
9	117355077	180095	201895	女	18会计	20305386	2019/4/22 12:25
10	117355055	180150	2018150	女	18会计	20747034	2019/4/15 16:29

图 8-8　匹配"性别"列和"专业"列

8.2　合并同一地点同一刷卡时间的消费记录

IF 函数的功能是执行真假值判断，根据逻辑值计算的真假值返回不同的结果。IF 函数的使用格式如下。

```
IF(logical_test, value_if_true, value_if_false)
```

IF 函数的参数及其解释如表 8-2 所示。

表 8-2　IF 函数的参数及其解释

参数	参数解释
logical_test	必需。表示要测试的条件
value_if_true	必需。表示 logical_test 的结果为 TRUE 时，返回的值
value_if_false	可选。表示 logical_test 的结果为 FALSE 时，返回的值

在"消费记录（清洗完数据）"工作表中有很多消费记录，一般情况下，在一次消费事件中，可能会出现多条消费记录，但是消费的时间差不会太大。例如，当学生在消费时，可能出现的一种情况为：前一分钟消费了一份米饭，后一分钟消费了一瓶饮料，但这两者属于同一次消费事件。因此，如果一个学生的消费时间差大于60分钟，那么视为一次有效的消费事件。

8.2.1　标记有效的消费事件

在"消费记录（清洗完数据）"工作表中，标记学生在同一地点同一时间的有效消费事件。具体操作步骤如下。

（1）依次按照"校园卡号""消费时间"列进行排序。具体操作步骤如下。

① 全选"消费记录（清洗完数据）"工作表中的数据，在【数据】选项卡的【排序和筛选】命令组中，单击【排序】按钮，如图8-9所示。

图8-9　单击【排序】按钮

② 在弹出的【排序】对话框中，在【主要关键字】中选择【校园卡号】选项，在【次序】中选择【降序】选项。

③ 单击【添加条件】按钮，在【次要关键字】中选择【消费时间】选项，在【次序】中选择【升序】选项，如图8-10所示。

图8-10　设置次要关键字【排序】

④ 单击【确定】按钮，即可使数据依次按照"校园卡号""消费时间"列进行排序，如图8-11所示。

（2）标记不同的消费地点。使用IF函数对"消费地点"列进行标记，如果当前记录的消费地点（如单元格P2）与下一条记录的消费地点（如单元格P3）相同，那么记为0，否则记为1。具体操作步骤如下。

	A	B	C	D	E	F	G
1	序号	校园卡号	校园卡编号	性别	专业	门禁卡号	消费时间
2	117002446	180391	2018391	女	18审计	20207098	2019/4/2 11:56
3	117054667	180391	2018391	女	18审计	20207098	2019/4/2 17:20
4	117001925	180391	2018391	女	18审计	20207098	2019/4/3 18:15
5	117008087	180391	2018391	女	18审计	20207098	2019/4/4 7:30
6	117008088	180391	2018391	女	18审计	20207098	2019/4/4 7:30
7	117002044	180391	2018391	女	18审计	20207098	2019/4/4 12:01
8	117041198	180391	2018391	女	18审计	20207098	2019/4/8 12:00
9	117104309	180391	2018391	女	18审计	20207098	2019/4/8 18:09
10	117090582	180391	2018391	女	18审计	20207098	2019/4/8 18:10

图 8-11　排序后的数据

① 在单元格 Q1 中输入 "标记不同的消费地点"，在单元格 Q2 中输入 "=IF(P2 = P3,0,1)"，如图 8-12 所示。

② 按【Enter】键，将鼠标指针移至单元格 Q2 的右下角，当鼠标指针变为黑色加粗的 "+" 时双击，即可标记不同的消费地点，如图 8-13 所示。

图 8-12　输入 "=IF(P2 = P3,0,1)"	图 8-13　标记不同的消费地点

（3）分析相同校园卡号的刷卡时间，计算消费时间差。使用 IF 函数分析相同校园卡号的前后刷卡时间差，并返回分钟值；若是不同校园卡号，则不处理。具体操作步骤如下。

① 在 "校园卡号" 列后插入一列空白列，在单元格 C1 中输入 "时间差"。

② 在单元格 C2 中输入 "=IF(B2 = B3,(H3−H2)*24*60,"NULL")"，如图 8-14 所示。

图 8-14　输入 "=IF(B2 = B3,(H3−H2)*24*60,"NULL")"

③ 按【Enter】键并将鼠标指针移至单元格 C2 的右下角，当鼠标指针变为黑色加粗的 "+" 时双击，即可计算出相同校园卡号的刷卡时间差，如图 8-15 所示。

（4）通过相邻数据的消费时间差和消费地点的异同，识别出有效的消费事件。当 "校园卡号" 列的当前记录的消费地点（如单元格 Q2）与下一条记录的消费地点（如单元格 Q3）一样时，且在 "时间差" 列中，如果当记录（如单元格 C2）显示为 "NULL"，那么这 2 条（如第 2 行和第 3 行）数据为不同校园卡号的消费事件，所以当前记录记为 1，即认为是有效的消费事件；如果"时间差"大于 60 分钟，即相同"校园卡号"的消费时间差达到 60 分钟以上，那么说明这段时间的消费是一个有效的消费事件，记为 1；否则记为 0。具体操作步骤如下。

	A	B	C	D	E	F	G	H
1	序号	校园卡号	时间差	校园卡编号	性别	专业	门禁卡号	消费时间
2	117002446	180391	324	2018391	女	18审计	20207098	2019/4/2 11:56
3	117054667	180391	1495	2018391	女	18审计	20207098	2019/4/2 17:20
4	117001925	180391	795	2018391	女	18审计	20207098	2019/4/3 18:15
5	117008087	180391	0	2018391	女	18审计	20207098	2019/4/4 7:30
6	117008088	180391	271	2018391	女	18审计	20207098	2019/4/4 7:30
7	117002044	180391	5759	2018391	女	18审计	20207098	2019/4/4 12:01
8	117041198	180391	369	2018391	女	18审计	20207098	2019/4/8 18:09
9	117104309	180391	1	2018391	女	18审计	20207098	2019/4/8 18:09
10	117090582	180391	1077	2018391	女	18审计	20207098	2019/4/8 18:10

图 8-15 计算时间差

① 在"时间差"列后插入一列空白列，在单元格 D1 中输入"消费标记"，在单元格 D2 中输入"=IF(S2 = 0,IF(C2 = "NULL",1,IF(C2>60,1,0)),1)"，如图 8-16 所示。

VLOOKUP f_x =IF(S2=0,IF(C2="NULL",1,IF(C2>60,1,0)),1)

	B	C	D	E	F	G	H
1	校园卡号	时间差	消费标记	校园卡编号	性别	专业	门禁卡号
2	180391	324	=IF(S2=0,IF(C2="NULL",1,IF(C2>60,1,0)),1)	2018391			20207098
3	180391	1495		2018391	女	18审计	20207098
4	180391	795		2018391	女	18审计	20207098
5	180391	0		2018391	女	18审计	20207098
6	180391	271		2018391	女	18审计	20207098
7	180391	5759		2018391	女	18审计	20207098
8	180391	369		2018391	女	18审计	20207098
9	180391	1		2018391	女	18审计	20207098
10	180391	1077		2018391	女	18审计	20207098

图 8-16 输入"=IF(S2 = 0,IF(C2 = "NULL",1,IF(C2>60,1,0)),1)"

② 按【Enter】键，将鼠标指针移至单元格 D2 的右下角，当鼠标指针变为黑色加粗的"+"时双击，即可标记所有的消费事件，如图 8-17 所示。

	B	C	D	E	F	G	H
1	校园卡号	时间差	消费标记	校园卡编号	性别	专业	门禁卡号
2	180391	324	1	2018391	女	18审计	20207098
3	180391	1495	1	2018391	女	18审计	20207098
4	180391	795	1	2018391	女	18审计	20207098
5	180391	0	0	2018391	女	18审计	20207098
6	180391	271	1	2018391	女	18审计	20207098
7	180391	5759	1	2018391	女	18审计	20207098
8	180391	369	1	2018391	女	18审计	20207098
9	180391	1	0	2018391	女	18审计	20207098
10	180391	1077	1	2018391	女	18审计	20207098

图 8-17 标记所有的消费事件

8.2.2 计算有效消费事件的消费总金额

在"消费记录（清洗完数据）"工作表中，统计一个有效消费事件的消费总金额。具体操作步骤如下。

（1）计算第一个有效消费事件的总金额。在"消费标记"列后插入一列空白列，在单元格 E1 中输入"一次消费的总金额（元）"，适当调整列宽，在单元格 E2 中输入"=IF(D2 = 1, IF(D1 = 0,E1 + N2,N2),N2)"，如图 8-18 所示。

图 8-18　输入"=IF(D2 = 1,IF(D1 = 0,E1 + N2,N2),N2)"

（2）按【Enter】键，将鼠标指针移至单元格 E2 的右下角，当指标变为黑色加粗的"+"时双击，即可计算每一个有效消费事件的消费总金额，如图 8-19 所示。

图 8-19　每一个有效消费事件的消费总金额

8.2.3　筛选有效的消费记录

标记有效的消费事件并计算每一个有效消费事件的消费总金额后，需要筛选出同一消费地点同一刷卡时间的消费记录。当删除的数据行数越多时，删除的速度也会随之越慢，此时可以通过【筛选】功能将有效消费事件的数据筛选出来，并复制到另一个工作表中。具体操作步骤如下。

（1）筛选有效消费事件的数据。在【数据】选项卡的【排序和筛选】命令组中，单击【筛选】按钮，单击"消费标记"列旁的倒三角按钮，只选择"1"的数据，如图 8-20 所示。单击【确定】按钮。

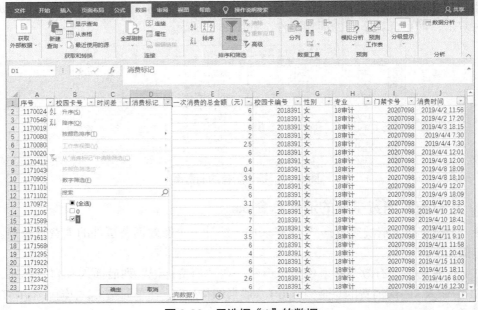

图 8-20　只选择"1"的数据

（2）复制所有有效消费事件的数据。按【Ctrl + A】组合键全选所有行数据，再按【Ctrl + C】组合键进行复制，如图 8-21 所示。新建一个工作表，按【Ctrl + V】组合键进行粘贴，如图 8-22 所示。

图 8-21　复制所有有效消费事件的数据

图 8-22　粘贴所有有效消费事件的数据

（3）自动调整列宽。由于粘贴后的列宽并不会自动调整，因此在图 8-22 所示的工作表中需要设置自动调整列宽。在【开始】选项卡的【单元格】命令组中，单击【格式】按钮，选择【自动调整列宽】选项，如图 8-23 所示。

图 8-23　设置自动调整列宽

（4）保存文件。删除"消费记录（清洗完数据）"工作表，并将"Sheet1"工作表重命名为"消费记录（清洗完数据）"。将工作簿另存为"消费行为分析表-合并数据.xlsx"。

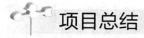

项目总结

本项目先介绍了如何使用 VLOOKUP 函数合并多个工作表，以便后续分析；再根据业务需求，通过排序、IF 函数、筛选等方法合并条件比较复杂的数据。

Excel 数据分析实务

技能拓展

在"消费行为分析表-处理重复值.xlsx"工作簿的"消费记录（清洗完数据）"工作表中，标记有效的消费事件，除了使用 8.2.1 小节介绍的方法之外，还可以使用数据透视表的方法。具体操作步骤如下。

（1）为每一个消费事件设置一个唯一的编号。具体操作步骤如下。

① 参考 8.2.1 小节的步骤（1）的方法，依次按照"校园卡号""消费时间"列进行排序。

② 在单元格 N1 中输入"消费事件编号"，适当调整列宽，在单元格 N2 中输入"1"，选择单元格 N3，在公式栏中输入"=IF(B3 = B2,IF(OR(M3<>M2,ABS(D3−D2)>1/24),ROW(A3),MAX($N$2:N2)),ROW(A3))"，如图 8-24 所示。

图 8-24　输入公式

图 8-24 所示的公式意思为：如果当前记录的校园卡号与上一条记录的校园卡号相同，那么继续判断当前记录的消费地点，当前记录的消费地点若与上一条记录的"消费地点"不一致时，或当"消费时间"与上一条记录的"消费时间"超过了 60 分钟时，就说明当前记录的消费与上一条记录的消费不是同一个消费事件，则标记为当前记录的行号（即标记为 3）；否则这 2 条记录属于同一个消费事件，则标记为上一条记录到第 2 行的编号之间最大的那个值，即同一个消费事件的编号是相同的。如果当前记录的校园卡号与上一条记录的校园卡号不相同，那么标记为当前记录的行号。

③ 将鼠标指针移至单元格 N3 的右下角，当鼠标指针变为黑色加粗的"+"时双击，即可得到所有消费的编号，如图 8-25 所示。一个编号代表一个消费事件，相同的编号表示同一个消费事件。

图 8-25　得到所有消费的编号

（2）找出每一个消费事件，并计算消费金额。具体操作步骤如下。

① 创建数据透视表。在"消费记录（清洗完数据）"工作表中，按【Ctrl + A】组合键全选所有数据，在【插入】选项卡的【表格】命令组中，单击【数据透视表】按钮。在【创建数据透视表】对话框中选择【现有工作表】单选按钮，单击【位置】右侧的 按钮，选择单元格 P1，使得数据透视表放置于单元格 P1 为起始的位置，单击 按钮回到【创建数

据透视表】对话框，如图 8-26 所示。单击【确定】按钮。

图 8-26 设置放置数据透视表的位置

② 设置【数据透视表字段】窗格。在【数据透视表字段】窗格中，分别将"校园卡号""消费地点""消费事件编号"字段拖曳到【行】区域中，再将"消费时间""消费金额（元）"字段拖曳到【值】区域中，如图 8-27 所示。

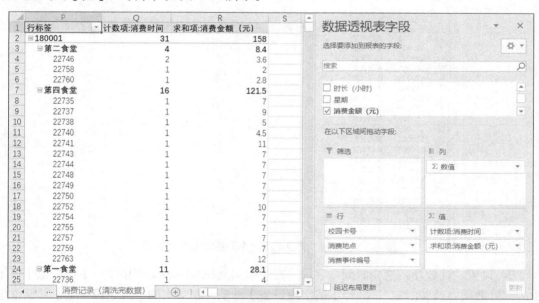

图 8-27 设置【数据透视表字段】窗格

③ 设置"校园卡号"字段。在【数据透视表字段】窗格中，单击【行】区域中的【校园卡号】，在弹出的下拉列表中选择【字段设置】选项，弹出【字段设置】对话框，在【分类汇总和筛选】选项卡中，选择【无】单选按钮，如图 8-28 所示。在【布局和打印】选项卡中，选择【以表格形式显示项目标签】单选按钮和勾选【重复项目标签】复选框，如图 8-29 所示。单击【确定】按钮。

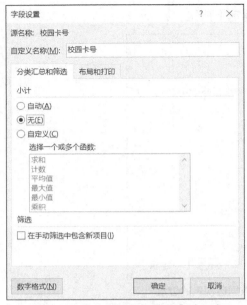

图 8-28 【分类汇总和筛选】选项卡

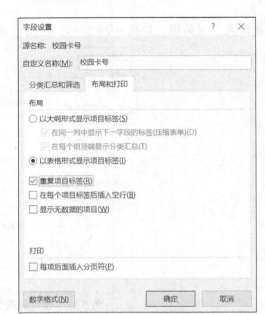

图 8-29 【布局和打印】选项卡

④ 设置"消费地点"字段。在【数据透视表字段】窗格中，按照上一步的操作，对【行】区域中的"消费地点"字段进行同样的设置。得到的数据透视表如图 8-30 所示。

	行标签	消费地点	消费事件编号	计数项:消费时间	求和项:消费金额（元）
2	180001	第二食堂	22746	2	3.6
3	180001	第二食堂	22758	1	2
4	180001	第二食堂	22760	1	2.8
5	180001	第四食堂	22735	1	7
6	180001	第四食堂	22737	1	9
7	180001	第四食堂	22738	1	5
8	180001	第四食堂	22740	1	4.5
9	180001	第四食堂	22741	1	11
10	180001	第四食堂	22743	1	7
11	180001	第四食堂	22744	1	7
12	180001	第四食堂	22748	1	7
13	180001	第四食堂	22749	1	7
14	180001	第四食堂	22750	1	7
15	180001	第四食堂	22752	1	10
16	180001	第四食堂	22754	1	7
17	180001	第四食堂	22755	1	7
18	180001	第四食堂	22757	1	7
19	180001	第四食堂	22759	1	7
20	180001	第四食堂	22763	1	12
21	180001	第一食堂	22736	1	4

图 8-30 设置"消费地点"字段后的数据透视表

⑤ 设置"计数项：消费时间"字段。在【数据透视表字段】窗格中，单击【值】区域中的"计数项：消费时间"，选择【值字段设置】选项，在弹出的【值字段设置】对话框中设置【计算类型】为【最小值】选项，即将消费时间设置为学生这一个消费事件的第一次消费时间，如图 8-31 所示。单击【确定】按钮，得到的数据透视表如图 8-32 所示。

⑥ 设置 S 列（"最小值项:消费时间"字段）的单元格格式。右键单击 S 列，在弹出的快捷菜单中选择【设置单元格格式】命令，弹出【设置单元格格式】对话框，选择【数字】选项卡【分类】列表框中的【日期】选项，并将【类型】设置为【2012/3/4 13:30】，如图 8-33 所示。单击【确定】按钮，得到的数据透视表如图 8-34 所示。得到了每个消费事件的消费数据。

图 8-31 设置消费时间为【最小值】选项

行标签	消费地点	消费事件编号	最小值项:消费时间	求和项:消费金额（元）
⊟180001	⊟第二食堂	22746	43571.32222	3.6
180001	第二食堂	22758	43578.41111	2
180001	第二食堂	22760	43580.33403	2.8
180001	⊟第四食堂	22735	43557.48611	7
180001	第四食堂	22737	43563.47639	9
180001	第四食堂	22738	43563.72778	5
180001	第四食堂	22740	43564.68264	4.5
180001	第四食堂	22741	43565.69583	11
180001	第四食堂	22743	43570.48819	7
180001	第四食堂	22744	43570.74514	7
180001	第四食堂	22748	43571.48819	7
180001	第四食堂	22749	43571.73889	7
180001	第四食堂	22750	43572.48125	7
180001	第四食堂	22752	43573.73958	10
180001	第四食堂	22754	43574.48611	7
180001	第四食堂	22755	43576.77083	7
180001	第四食堂	22757	43577.7375	7
180001	第四食堂	22759	43578.49514	7
180001	第四食堂	22763	43581.54722	12
180001	⊟第一食堂	22736	43559.31806	4

图 8-32 设置"计数项:消费时间"字段后的数据透视表

图 8-33 设置 S 列的单元格格式

图 8-34　设置 S 列的单元格格式后的数据透视表

技能训练

1. 训练目的

某学校六年级第一学期期末成绩已经整理好，但是由于前期将成绩录入 Excel 2016 时没有录入姓名，只录入了学号以及语文、数学和英语成绩，不能直观地查看这个学号对应的学生姓名和性别。因此，需要将学生的学号、姓名、性别，以及语文、数学和英语成绩整理到一个 Excel 中。最终得到的成绩表如图 8-35 所示。

图 8-35　整理后的成绩表

2. 训练要求

（1）在"成绩表"工作表中，在"学号"列后插入 2 列空白列。

（2）使用 VLOOKUP 函数，在"成绩表"工作表中添加学生的姓名和性别信息。

思考题

【导读】十年寒窗、头悬梁锥刺股曾经是读书人津津乐道的事情。关于为什么读书这个问题，每个人都有自己的答案。有人说古代人读书为了"功名利禄"，拼了命的读书有一个最根本的目的，就是改变自己与家人的命运。也有人说"开卷有益"，读书不是单为文凭功名，只因为书中有学问知识，可以帮助人们解决问题，也可以使人们的思想进步。也有人说"为了中华之崛起而读书"，当时国力衰弱，领土不完整，人民饱受欺凌，读书不忘救国，救国不忘读书，个人与祖国的命运紧紧联系在一起。今天，我国正处于实现中华民族伟大复兴的关键时期，为什么读书值得每个人去思考。

【思考题】人们通过学习数据分析技术，让所学为国所用。请问您学习技术的目的是什么？

第四篇 数据分析与可视化

项目 ❾ 分析食堂就餐情况

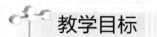
教学目标

1. 技能目标

（1）能根据业务需求将一个工作表拆分成多个工作表。

（2）能根据业务需求选择合适的 Excel 函数解决问题。

（3）能根据业务需求选择合适的图表进行可视化展示。

（4）能根据业务需求编写 Excel VBA 程序实现图表的动态展示。

2. 知识目标

（1）掌握多条件的 IF 函数、COUNTIF 函数的作用及使用方法。

（2）掌握一个工作表拆分成多个工作表的两种操作方法：筛选法、高级筛选法。

（3）了解 Excel VBA 的函数的概念、函数的写法、函数的调用方法。

3. 素养目标

（1）勤俭节约，引导学生节约粮食，拒绝浪费。

（2）健康生活，引导学生塑造自主自律的健康行为，养成文明健康的生活习惯。

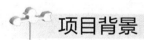
项目背景

根据某高校学生的就餐数据，为食堂管理提供有效的建议。首先根据需要筛选有关食堂的数据，初步了解各食堂的就餐情况，以及各食堂三餐中的就餐次数；然后需要了解工作日和非工作日哪个时间段的就餐次数多。

项目目标

（1）筛选学生在食堂的就餐数据。

（2）计算早餐、午餐、晚餐 3 个时间段各食堂的就餐次数，并绘制对应的饼图。

（3）计算工作日和非工作日不同时间段各食堂的就餐次数，并绘制对应的折线图。

（4）根据折线图编写 VBA 代码，实现折线图的动态展示。

（5）分析消费金额的区间。

 思维导图

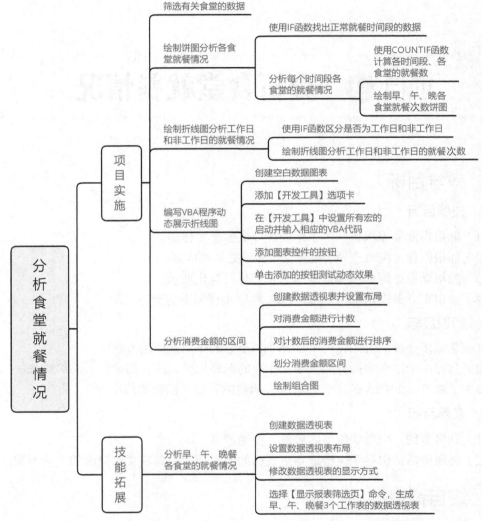

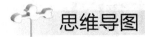 **项目分析**

（1）根据"消费地点"筛选第一、二、三、四、五食堂的数据。

（2）根据消费时间的时长划分早餐、午餐、晚餐 3 个时间段，分别计算出这 3 个时间段各食堂的就餐次数，并绘制对应的饼图。

（3）根据消费时间提取出星期，判断是否为工作日，再找出工作日与非工作日的就餐数据，分别计算出工作日和非工作日各个时间段的就餐次数，并绘制对应的折线图，最后编写 VBA 代码生成折线图动态展示效果。

（4）创建数据透视表，计算消费金额的消费次数和总消费金额，再建立价格区间，计算每一个区间内的消费次数和总消费金额。

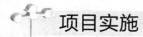 项目实施

筛选有关食堂的数据

在"消费行为分析表-合并数据.xlsx"工作簿中，筛选有关食堂的数据。具体操作步骤如下。

（1）单击【筛选】按钮。在"消费记录（清洗完数据）"工作表中，选择任一非空单元格，在【数据】选项卡的【排序和筛选】命令组中，单击【筛选】按钮，此时每一个列名旁边都会显示一个倒三角按钮。

（2）设置筛选条件。单击"消费地点"列旁的倒三角按钮，在弹出的下拉列表中只勾选"第一食堂""第二食堂""第三食堂""第四食堂"和"第五食堂"，如图 9-1 所示。单击【确定】按钮。

图 9-1　设置筛选条件

（3）复制粘贴有关食堂的数据。按住【Ctrl】键，分别选中"校园卡号""一次消费的总金额（元）""消费时间""时长（小时）""星期"和"消费地点"所在的列，再使用【Ctrl + C】组合键和【Ctrl + V】组合键，将这些列复制粘贴至新建的"就餐记录"工作表中，适当调整列宽，如图 9-2 所示。

	A	B	C	D	E	F
1	校园卡号	一次消费的总金额（元）	消费时间	时长（小时）	星期	消费地点
2	180391	6	2019/4/2 11:56	11	3	第五食堂
3	180391	4	2019/4/2 17:20	17	3	第五食堂
4	180391	6	2019/4/3 18:15	18	4	第五食堂
5	180391	2.5	2019/4/4 7:30	7	5	第五食堂
6	180391	6	2019/4/4 12:01	12	5	第五食堂
7	180391	6	2019/4/8 12:00	12	2	第五食堂
8	180391	3.9	2019/4/8 18:10	18	2	第五食堂
9	180391	6	2019/4/9 12:07	12	3	第五食堂
10	180391	6	2019/4/9 18:09	18	3	第五食堂

学生信息（清洗完数据）　消费记录（清洗完数据）　就餐记录 ＋

图 9-2　复制粘贴有关食堂的数据

9.2 绘制饼图分析各食堂就餐情况

通过观察"就餐记录"工作表的数据可以发现，5:00～23:59 都存在消费记录，为了分析大部分学生的用餐情况，需按照正常三餐的规律对用餐时间做一个规定：早餐时间是 6:00～9:00（不含），午餐时间是 11:00～13:00（不含），晚餐时间是 17:00～20:00（不含）。因此需要统计出早餐、午餐、晚餐这 3 个时间段的就餐数据，并分别放在 3 个工作表中。

9.2.1 找出正常就餐时间段的数据

IF 函数的表达式有两种方式的条件判断：如果两个条件同时成立，那么写法为"AND(条件 1,条件 2)"；如果两个条件中任意一个成立，那么写法为 "OR(条件 1,条件 2)"。在本项目中，表示"如果消费时间在 6:00～9:00（不含）"的条件的写法是 "AND(D1>=6,D1<9)"。

在"就餐记录"工作表中，利用"时长（小时）"列找出正常时间段就餐的数据。具体操作步骤如下。

（1）根据"时长（小时）"列判断就餐时间段。在单元格 G1 中输入"就餐时间段"。选择单元格 G2，输入公式 "=IF(AND(D2>=6,D2<9),"早餐",IF(AND(D2>=11,D2<13),"午餐",IF(AND(D2>=17,D2<20),"晚餐","其他")))"，如图 9-3 所示。

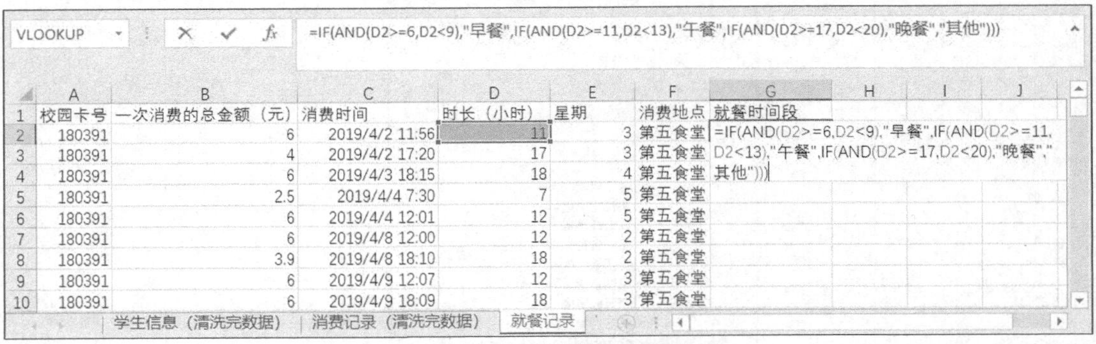

图 9-3 输入公式判断就餐时间段

（2）求出 G 列的就餐时间段。将鼠标指针移至单元格 G2 的右下角，当鼠标指针变为黑色加粗的 "+" 时双击，即可实现快速求出 G 列的就餐时间段，如图 9-4 所示。

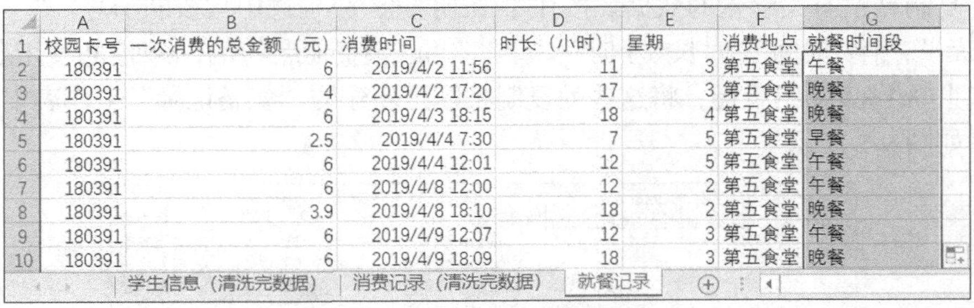

图 9-4 求出 G 列的就餐时间段

9.2.2 分析每个时间段各食堂的就餐情况

基于"就餐记录"工作表，分析早餐、午餐、晚餐各食堂的就餐情况。具体操作步骤如下。

1. 新建工作表

新建"正常就餐时间段的就餐记录"工作表，并存放正常就餐时间段的就餐数据。具体操作步骤如下。

（1）单击【筛选】按钮。在"就餐记录"工作表中，单击【数据】选项卡的【排序和筛选】命令组中的【筛选】按钮，此时每列的列名旁边都会显示一个倒三角按钮。

（2）筛选出早餐、午餐、晚餐 3 个时间段各食堂的就餐数据。单击"就餐时间段"列旁的倒三角按钮，在弹出的下拉列表中取消勾选"其他"，如图 9-5 所示。单击【确定】按钮。

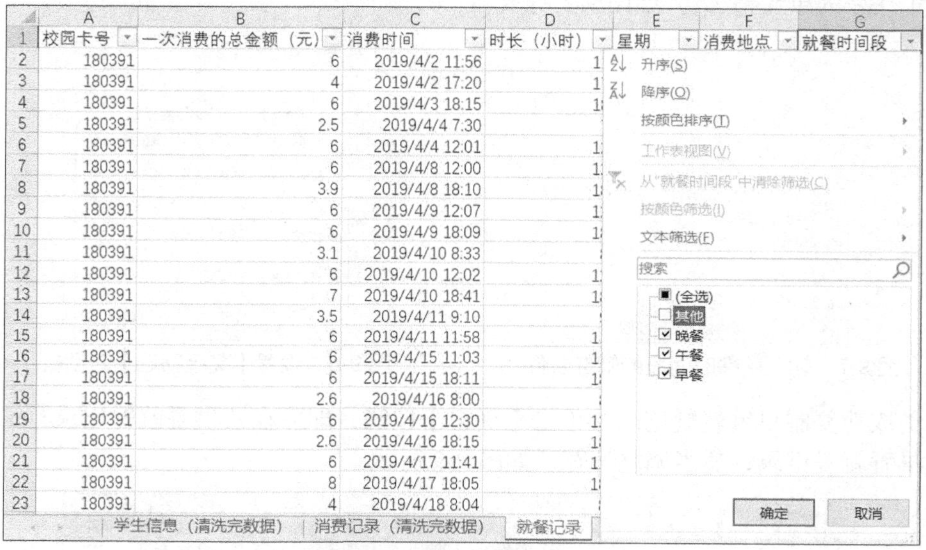

图 9-5 取消勾选"其他"

（3）将相应的数据复制至新建的工作表中。新建一个名为"正常就餐时间段的就餐记录"的工作表，使用【Ctrl + A】组合键全选通过步骤（2）获得的数据，再使用【Ctrl + C】组合键进行复制，最后使用【Ctrl + V】组合键在"正常就餐时间段的就餐记录"工作表中进行粘贴，适当调整列宽，如图 9-6 所示。

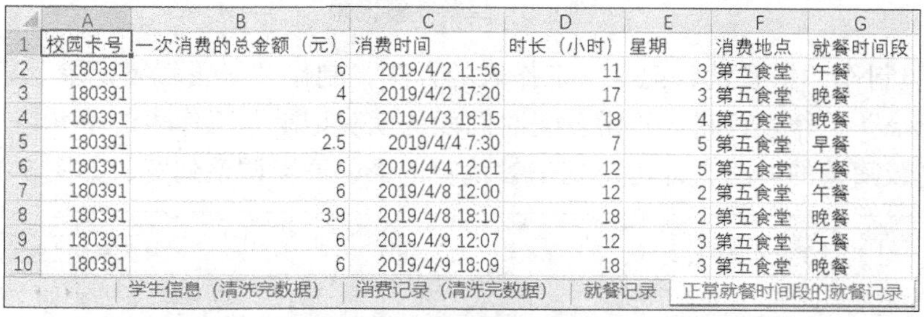

图 9-6 "正常就餐时间段的就餐记录"工作表

2. 拆分工作表

使用高级筛选的方法，将"正常就餐时间段的就餐记录"工作表按照时间段拆分成"早餐就餐记录""午餐就餐记录"和"晚餐就餐记录"3 个工作表。具体操作步骤如下。

（1）输入就餐时间段的筛选条件。在"正常就餐时间段的就餐记录"工作表中，在单元格区域 I1:I2 中分别输入"就餐时间段""早餐",如图 9-7 所示。

（2）打开【高级筛选】对话框。新建工作表并重命名为"早餐就餐记录",在"早餐就餐记录"工作表中,单击【数据】选项卡的【排序和筛选】命令组中的【高级】按钮,弹出【高级筛选】对话框。

（3）设置【高级筛选】对话框。选择【将筛选结果复制到其他位置】单选按钮;设置【列表区域】为"正常就餐时间段的就餐记录"工作表 A 列至 G 列;设置【条件区域】为"正常就餐时间段的就餐记录"工作表的单元格区域 I1:I2;设置【复制到】为"早餐就餐记录"工作表的单元格 A1,如图 9-8 所示。

图 9-7　输入就餐时间段的筛选条件

图 9-8　设置【高级筛选】对话框

（4）成功复制早餐就餐记录。单击【确定】按钮,即可在"早餐就餐记录"工作表中筛选出早餐就餐记录,适当调整列宽,如图 9-9 所示。

	A	B	C	D	E	F	G
1	校园卡号	一次消费的总金额（元）	消费时间	时长（小时）	星期	消费地点	就餐时间段
2	180391	2.5	2019/4/4 7:30	7	5	第五食堂	早餐
3	180391	3.1	2019/4/10 8:33	8	4	第五食堂	早餐
4	180391	2.6	2019/4/16 8:00	8	3	第五食堂	早餐
5	180391	4	2019/4/18 8:04	8	5	第五食堂	早餐
6	180391	4	2019/4/30 8:38	8	3	第五食堂	早餐
7	180390	2.2	2019/4/12 7:26	7	6	第二食堂	早餐
8	180389	2	2019/4/17 8:29	8	4	第五食堂	早餐
9	180387	1.2	2019/4/9 7:41	7	3	第五食堂	早餐
10	180387	1.6	2019/4/10 7:29	7	4	第五食堂	早餐

图 9-9　早餐就餐记录

（5）参照制作"早餐就餐记录"工作表的方法,制作"午餐就餐记录"工作表。新建"午餐就餐记录"工作表,将"正常就餐时间段的就餐记录"工作表的单元格 I2 改为"午餐",使用高级筛选的方法,即可得到午餐就餐记录,适当调整列宽,如图 9-10 所示。

	A	B	C	D	E	F	G
1	校园卡号	一次消费的总金额（元）	消费时间	时长（小时）	星期	消费地点	就餐时间段
2	180391	6	2019/4/2 11:56	11	3	第五食堂	午餐
3	180391	6	2019/4/4 12:01	12	5	第五食堂	午餐
4	180391	6	2019/4/8 12:00	12	2	第五食堂	午餐
5	180391	6	2019/4/9 12:07	12	3	第五食堂	午餐
6	180391	6	2019/4/10 12:02	12	4	第五食堂	午餐
7	180391	6	2019/4/11 11:58	11	5	第五食堂	午餐
8	180391	6	2019/4/15 11:03	11	2	第五食堂	午餐
9	180391	6	2019/4/16 12:30	12	3	第五食堂	午餐
10	180391	6	2019/4/17 11:41	11	4	第五食堂	午餐

图 9-10　午餐就餐记录

（6）参照制作"早餐就餐记录"工作表的方法，制作"晚餐就餐记录"工作表。新建"晚餐就餐记录"工作表，将"正常就餐时间段的就餐记录"工作表的单元格 I2 改为"晚餐"，使用高级筛选的方法，即可得到晚餐就餐记录，适当调整列宽，如图 9-11 所示。

	A	B	C	D	E	F	G
1	校园卡号	一次消费的总金额（元）	消费时间	时长（小时）	星期	消费地点	就餐时间段
2	180391	4	2019/4/2 17:20	17	3	第五食堂	晚餐
3	180391	6	2019/4/3 18:15	18	4	第五食堂	晚餐
4	180391	3.9	2019/4/8 18:10	18	2	第五食堂	晚餐
5	180391	6	2019/4/9 18:09	18	3	第五食堂	晚餐
6	180391	7	2019/4/10 18:41	18	4	第五食堂	晚餐
7	180391	6	2019/4/15 18:11	18	2	第五食堂	晚餐
8	180391	2.6	2019/4/17 18:05	18	3	第五食堂	晚餐
9	180391	8	2019/4/17 18:05	18	4	第四食堂	晚餐
10	180391	7	2019/4/19 17:40	17	6	第五食堂	晚餐

… | 正常就餐时间段的就餐记录 | 早餐就餐记录 | 午餐就餐记录 | 晚餐就餐记录 | ⊕

图 9-11　晚餐就餐记录

3. 计算早餐各食堂的就餐数

在"早餐就餐记录"工作表中，计算早餐各食堂的就餐数，并整理成一个简单的表格。具体操作步骤如下。

（1）新建一个用于统计各食堂就餐数的表格。在【数据】选项卡的【排序和筛选】命令组中，单击【高级】按钮，在弹出的【高级筛选】对话框中，选择【将筛选结果复制到其他位置】单选按钮，设置【列表区域】为 F 列，设置【复制到】为单元格 I1，勾选【选择不重复的记录】复选框，如图 9-12 所示。单击【确定】按钮。

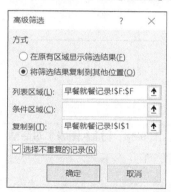

图 9-12　新建一个用于统计各食堂就餐数的表格

（2）计算出早餐各食堂的就餐数。在单元格 J1 中输入"就餐数"，选择单元格 J2，输入公式"=COUNTIF(F:F,I2)"，计算学生在第五食堂的总就餐数；将鼠标指针移至单元格 J2 的右下角，当鼠标指针变为黑色加粗的"+"时双击，即可快速求出 J 列的其他食堂的总就餐数，如图 9-13 所示。

4. 绘制早餐各食堂就餐数的饼图

饼图以一个完整的圆来表示数据对象的全体，其中扇形表示各个组成部分。饼图常用于描述百分比构成，其中每一个扇形代表一类数据所占的比例。基于图 9-13 所示的早餐各食堂的就餐数，绘制饼图并分析各食堂就餐数的占比。具体操作步骤如下。

Excel 数据分析实务

图 9-13　计算早餐各食堂的就餐数

（1）绘制饼图。选中单元格区域 I1:J5，在【插入】选项卡的【图表】命令组中，单击 按钮，弹出【插入图表】对话框，切换至【所有图表】选项卡，选择【饼图】选项，如图 9-14 所示。单击【确定】按钮，得到的饼图如图 9-15 所示。

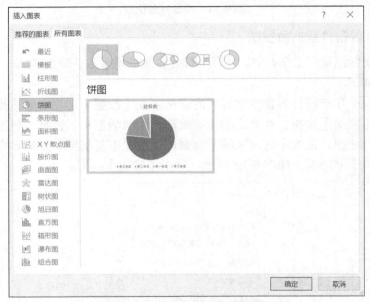

图 9-14　【插入图表】对话框

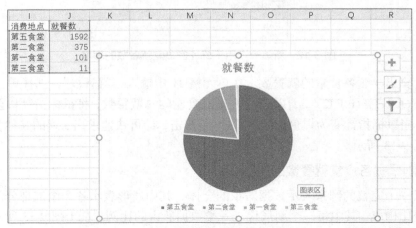

图 9-15　得到的饼图

（2）美化图 9-15 所示的饼图。具体操作步骤如下。

① 选择【就餐数】图表标题文本框，更改图表标题为"早餐各食堂就餐数"，如图 9-16 所示。

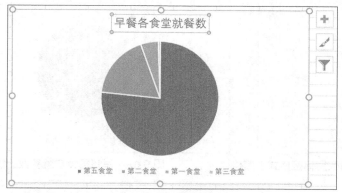

图 9-16 修改图表标题

② 选中饼图，单击饼图右边的 ＋ 按钮，在弹出的列表中，单击【数据标签】旁的 ▶ 按钮，选择【更多选项】选项，如图 9-17 所示。

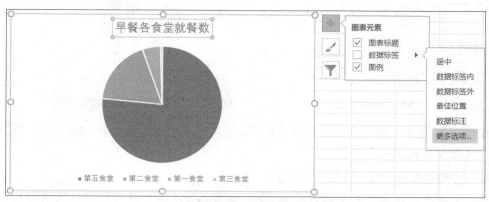

图 9-17 选择【更多选项】选项

③ 在弹出的【设置数据标签格式】窗格中，勾选【标签选项】选项卡中的【百分比】复选框，选择【标签位置】中的【数据标签外】单选按钮，如图 9-18 所示。

④ 得到的饼图的数据标签可能会有部分标签信息重叠，需要手动移动数据标签。最终得到的效果如图 9-19 所示。

由图 9-19 可知，第五食堂的就餐数最多，占所有食堂的比例达到 77%，占比最少的是第三食堂。

5. 绘制午餐各食堂就餐数的饼图

按照早餐各食堂就餐数的计算方法，在"午餐就餐记录"工作表中计算午餐各食堂就餐数，如图 9-20 所示。

按照早餐各食堂就餐数的饼图的绘制方法，绘制得到午餐各食堂就餐数的饼图，如图 9-21 所示。

图 9-18 【设置数据标签格式】窗格

图 9-19 早餐各食堂就餐数的饼图

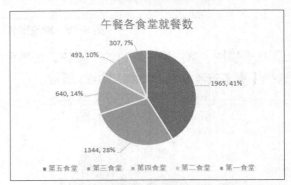

图 9-21 午餐各食堂就餐数的饼图

图 9-20 午餐各食堂就餐数

由图 9-21 可知，第五食堂的就餐数最多，占所有食堂的比例达到 41%，其次是第三食堂，占比最少的是第一食堂。

6. 绘制晚餐各食堂就餐数的饼图

按照早餐各食堂就餐数的计算方法，在"晚餐就餐记录"工作表中计算晚餐各食堂就餐数，如图 9-22 所示。

按照早餐各食堂就餐数的饼图的绘制方法，绘制得到晚餐各食堂就餐数的饼图，如图 9-23 所示。

图 9-23 晚餐各食堂就餐数的饼图

图 9-22 晚餐各食堂就餐数

由图 9-23 可知，第五食堂的就餐数最多，占所有食堂的比例达到 44%，其次是第三食堂，占比最少的是第一食堂。

9.3 绘制折线图分析工作日和非工作日的就餐情况

在现有的数据中并没有工作日和非工作日之分，需要基于消费时间区分工作日和非工作日，并存放至不同的工作表中，从而求出每个小时对应的就餐数，并绘制图表进行分析。

9.3.1 区分工作日和非工作日

假设不考虑节假日，那么可以通过星期划分工作日和非工作日。以第 2 行的数据为例，判断是否为工作日的公式为 "IF(AND(E2>=2,E2<=6),"是","否")"，即周一到周五为工作日，而公式中的条件之所以为 "2<=星期<=6"，是因为在 4.2.1 小节中使用 WEEKDAY 函数计算星期时使用的是默认参数，即星期为 1 时表示的是星期天。

而 2019 年 4 月中，4 月 5 日是清明节，属于放假时间段，即属于非工作日，所以需要增加一个条件 "若日期为 4 月 5 日，则属于非工作日"，那么在第 2 行的数据中，判断是否为工作日的公式为 "=IF(TEXT(C2,"yyyy/m/dd")=TEXT("2019/4/5","yyyy/m/dd"),"否",IF(AND(E2>=2,E2<=6),"是","否"))"。

在 "正常就餐时间段的就餐记录" 工作表中，根据 "星期" 列判断该消费时间是否为工作日。具体操作步骤如下。

（1）输入公式。在单元格 H1 中输入 "是否为工作日"，并适当调整 H 列的列宽；选择单元格 H2，输入 "=IF(TEXT(C2,"yyyy/m/dd")=TEXT("2019/4/5","yyyy/m/dd"),"否",IF(AND(E2>=2,E2<=6),"是","否"))"，如图 9-24 所示。

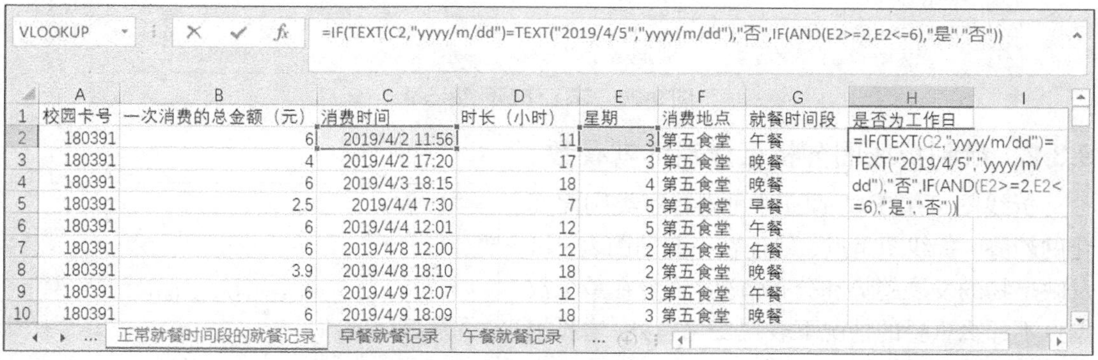

图 9-24 输入公式

（2）判断所有消费时间是否为工作日。将鼠标指针移至单元格 H2 的右下角，当鼠标指针变为黑色加粗的 "+" 时双击，即可实现快速求出其他消费时间是否为工作日。

使用筛选的方法，将 "正常就餐时间段的就餐记录" 工作表中工作日和非工作日的数据分别存放至 "工作日就餐记录" 和 "非工作日就餐记录" 两个工作表中。具体操作步骤如下。

（1）新建两个工作表，分别重命名为 "工作日就餐记录" 和 "非工作日就餐记录"。

（2）筛选工作日的就餐记录。具体操作步骤如下。

Excel 数据分析实务

① 在"正常就餐时间段的就餐记录"工作表中，单击【数据】选项卡的【排序和筛选】命令组中的【筛选】按钮，此时每列的列名旁边都会显示一个倒三角按钮。

② 单击"是否为工作日"列旁的倒三角按钮，在弹出的下拉列表中只勾选【是】，单击【确定】按钮，即可得到工作日的就餐记录。

③ 选中 A 列至 H 列的数据，再使用【Ctrl + C】组合键进行复制，最后使用【Ctrl + V】组合键在"工作日就餐记录"工作表中进行粘贴，适当调整列宽，如图 9-25 所示。

	A	B	C	D	E	F	G	H
1	校园卡号	一次消费的总金额（元）	消费时间	时长（小时）	星期	消费地点	就餐时间段	是否为工作日
2	180391	6	2019/4/2 11:56	11	3	第五食堂	午餐	是
3	180391	4	2019/4/2 17:20	17	3	第五食堂	晚餐	是
4	180391	6	2019/4/3 18:15	18	4	第五食堂	晚餐	是
5	180391	2.5	2019/4/4 7:30	7	5	第五食堂	早餐	是
6	180391	6	2019/4/4 12:01	12	5	第五食堂	午餐	是
7	180391	6	2019/4/8 12:00	12	2	第五食堂	午餐	是
8	180391	3.9	2019/4/8 18:10	18	2	第五食堂	晚餐	是
9	180391	6	2019/4/9 12:07	12	3	第五食堂	午餐	是
10	180391	6	2019/4/9 18:09	18	3	第五食堂	晚餐	是

正常就餐时间段的就餐记录 | 工作日就餐记录 | 非工作日就餐记录 | 早餐就餐记录 | 午餐就餐记录

图 9-25　工作日就餐记录

（3）筛选非工作日的就餐记录。按照步骤（2）的方法，将非工作日的就餐记录复制至"非工作日就餐记录"工作表中，如图 9-26 所示。

	A	B	C	D	E	F	G	H
1	校园卡号	一次消费的总金额（元）	消费时间	时长（小时）	星期	消费地点	就餐时间段	是否为工作日
2	180390	3.5	2019/4/21 12:07	12	1	第三食堂	午餐	否
3	180390	4	2019/4/21 19:12	19	1	第五食堂	晚餐	否
4	180389	7	2019/4/14 11:50	11	1	第三食堂	午餐	否
5	180389	2	2019/4/14 19:25	19	1	第五食堂	晚餐	否
6	180389	9	2019/4/20 11:41	11	7	第三食堂	午餐	否
7	180389	8.5	2019/4/21 11:38	11	1	第五食堂	午餐	否
8	180387	5.5	2019/4/5 12:24	12	6	第一食堂	午餐	否
9	180387	6	2019/4/7 18:13	18	1	第五食堂	晚餐	否
10	180387	3	2019/4/14 7:29	7	1	第五食堂	早餐	否

正常就餐时间段的就餐记录 | 工作日就餐记录 | 非工作日就餐记录 | 早餐就餐记录 | 午餐就餐记录

图 9-26　非工作日就餐记录

9.3.2　绘制折线图分析工作日的就餐数

折线图可用于显示随时间或有序类别而变化的趋势。折线图是点、线连在一起的图表，可反映事物的发展趋势和分布情况，适合在单个数据点不那么重要的情况下表现变化趋势、增长幅度。在"工作日就餐记录"工作表中，求出工作日不同时长的就餐数。具体操作步骤如下。

（1）设置【创建数据透视表】对话框。打开"工作日就餐记录"工作表，选择数据区域的任意一个单元格，在【插入】选项卡的【表格】命令组中，单击【数据透视表】按钮，弹出【创建数据透视表】对话框，在【选择放置数据透视表的位置】中选择【现有工作表】单选按钮，并设置【位置】为单元格 J1，如图 9-27 所示。

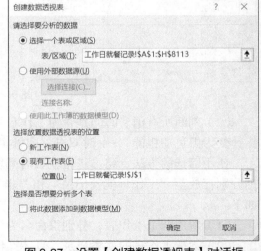

图 9-27　设置【创建数据透视表】对话框

（2）设置【数据透视表字段】窗格。单击【确定】按钮，在【数据透视表字段】窗格中，将"时长（小时）"字段拖曳至【行】区域，将"一次消费的总金额（元）"字段拖曳至【值】区域，如图 9-28 所示。

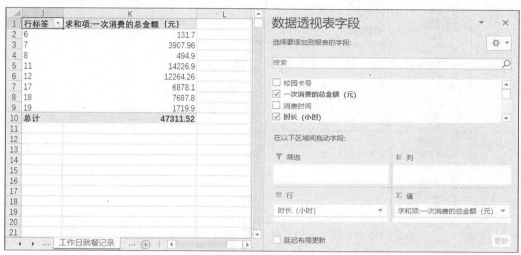

图 9-28 设置【数据透视表字段】窗格

（3）设置值字段。单击【值】区域中的"求和项:一次消费的总金额（元）"右侧的倒三角按钮，在弹出的下拉列表中选择【值字段设置】选项，弹出【值字段设置】对话框，将【计算类型】设置为【计数】，如图 9-29 所示。单击【确定】按钮，即可得到每个小时的就餐数的数据透视表，如图 9-30 所示。

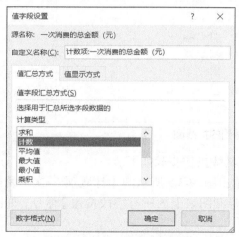

图 9-29 【值字段设置】对话框

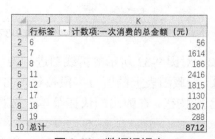

图 9-30 数据透视表

基于图 9-30 所示的数据，绘制折线图。具体操作步骤如下。

（1）选择【折线图】选项。在"工作日就餐记录"工作表中，选择单元格区域 J2:K9，在【插入】选项卡的【图表】命令组中，单击 按钮，弹出【插入图表】对话框，切换至【所有图表】选项卡，选择【折线图】选项，如图 9-31 所示。单击【确定】按钮，得到的折线图如图 9-32 所示。

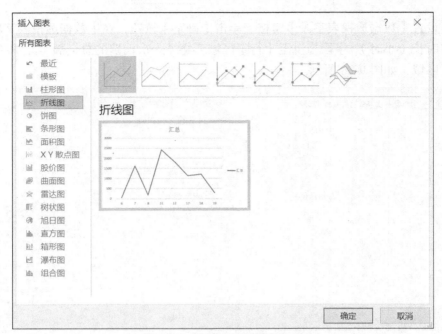

图 9-31　选择【折线图】选项

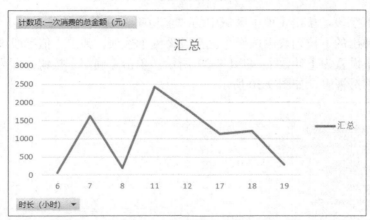

图 9-32　得到的折线图

（2）对图 9-32 所示的折线图进行美化。具体操作步骤如下。

① 隐藏图表上的所有字段按钮。右键单击图 9-32 所示的【计数项:一次消费的总金额（元）】按钮，在弹出的快捷菜单中选择【隐藏图表上的所有字段按钮】命令，如图 9-33 所示。

② 显示坐标轴标题并隐藏图例。单击折线图右边的 + 按钮，在弹出的列表中，勾选【坐标轴标题】复选框，取消勾选【图例】复选框，如图 9-34 所示。

③ 设置坐标轴标题和图表标题。双击图 9-34 所示的纵坐标轴标题"坐标轴标题"，将其修改为"就餐次数"，双击横坐标轴标题"坐标轴标题"，将其修改为"就餐时长（小时）"，双击图表标题"汇总"，将其修改为"工作日各时间就餐次数"，如图 9-35 所示。

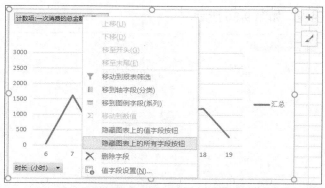

图 9-33　选择【隐藏图表上的所有字段按钮】命令

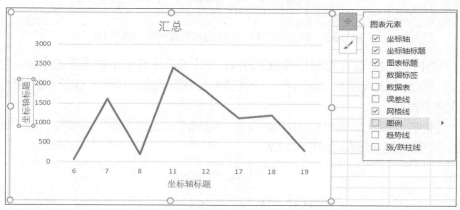

图 9-34　显示坐标轴标题并隐藏图例

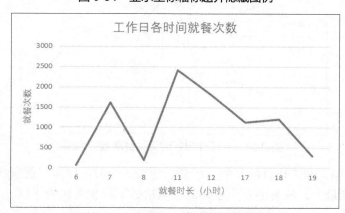

图 9-35　工作日各时间就餐次数折线图

由图 9-35 可知，工作日的早餐、午餐、晚餐 3 个时间段中，就餐次数分别在 7:00、11:00、18:00 达到最大，但是就餐次数最多的是在 11:00，7:00 与 18:00 的就餐次数相差不大。

9.3.3　绘制折线图分析非工作日的就餐数

在"非工作日就餐记录"工作表中，求出非工作日不同时长的就餐数，并绘制折线图。具体操作步骤如下。

（1）求出非工作日不同时长的就餐数。按照 9.3.2 小节的方法，创建非工作日每个小时的就餐数的数据透视表，如图 9-36 所示。

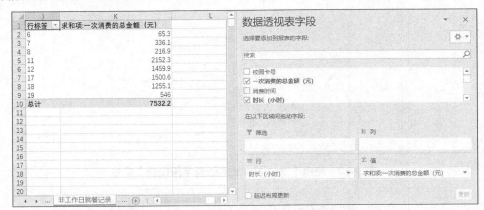

图 9-36　非工作日不同时长的就餐数的数据透视表

（2）绘制折线图。选择单元格区域 J2:K9，在【插入】选项卡的【图表】命令组中，单击 按钮，弹出【插入图表】对话框，切换至【所有图表】选项卡，选择【折线图】选项，单击【确定】按钮。

（3）美化折线图。按照 9.3.2 小节的方法，隐藏图表上的所有字段按钮，隐藏图例，设置坐标轴标题和图表标题，如图 9-37 所示。

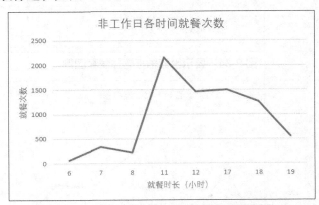

图 9-37　非工作日各时间就餐次数折线图

由图 9-37 可知，非工作日的早餐、午餐、晚餐 3 个时间段中，就餐次数分别在 7:00、11:00、17:00 达到最大，晚餐的每个小时的就餐次数下降相对较为平缓。

9.4　编写 VBA 程序动态展示折线图

有了图表后如果需要展示得更富有动感，看出动态的数据变化过程，那么可以使用 VBA 编程做出动态展示的折线图。

VBA（Visual Basic for Applications）是 Visual Basic 的一种宏语言，是在其桌面应用程序中执行通用的自动化任务的编程语言，也可称为一种应用程序视觉化的 Basic 脚本。VBA 主要用于扩展 Windows 的应用程序功能，特别是 Microsoft Office 软件。

在"工作日就餐记录"工作表中，实现每个小时就餐次数折线图的动态展示的思路为：

新建一个空表，只含有与原表一样的标题，而没有任何数据，并根据该空表新建一个折线图；当单击按钮时，将触发这样的行为：将原数据表中的数据逐行复制到新建的空表中，同时折线图也会逐渐展示。实现该思路的具体操作步骤如下。

（1）添加"时长（小时）"列和"就餐次数"列。在单元格 N1 和 O1 中分别输入"时长（小时）"和"就餐次数"。

（2）创建空白数据的图表。选中单元格区域 N2:O9，在【插入】选项卡的【图表】命令组中，单击 按钮，弹出【插入图表】对话框，切换至【所有图表】选项卡，选择【折线图】选项，即可出现一个空白数据的图表，如图 9-38 所示。将图表标题改为"工作日各时间就餐次数"。

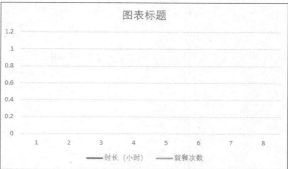

图 9-38　创建单元格区域 N2:O9 对应的折线图

（3）添加【开发工具】选项卡。在【文件】选项卡中，选择【选项】选项，弹出【Excel 选项】对话框。选择左侧的【自定义功能区】选项，在右侧的【自定义功能区】下拉列表框中选择【主选项卡】选项，在下方的列表框中勾选【开发工具】复选框，如图 9-39 所示。单击【确定】按钮。

图 9-39　勾选【开发工具】复选框

（4）启用所有宏。在【开发工具】选项卡的【代码】命令组中，单击【宏安全性】图标，在弹出的【信任中心】对话框中，将【宏设置】设置为【启用所有宏】，单击【确定】按钮，如图 9-40 所示。

（5）打开【Microsoft Visual Basic for Applications - FUNCRES.XLAM】窗口。在【开发工具】选项卡的【代码】命令组中，单击图 9-41 所示的【Visual Basic】按钮，弹出【Microsoft

Excel 数据分析实务

Visual Basic for Applications - FUNCRES.XLAM】窗口，如图 9-42 所示。

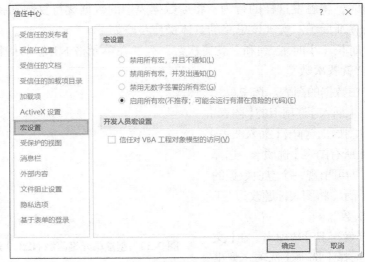

图 9-40　启用所有宏

图 9-41　单击【Visual Basic】按钮

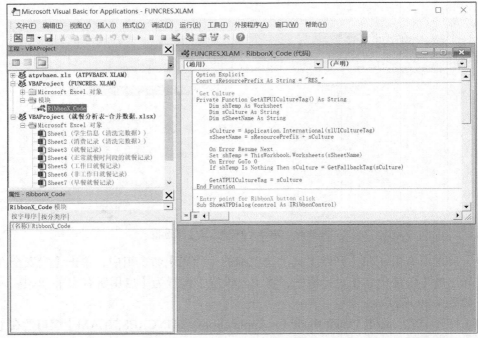

图 9-42　【Microsoft Visual Basic for Applications - FUNCRES.XLAM】窗口

（6）输入 VBA 代码。在【工程 - VBAProject】窗口中，双击【Sheet5（工作日就餐记录）】，在右侧的空白区域输入如下 VBA 代码，如图 9-43 所示。

```
Sub test()
Dim t As Single
Range("N2:O9").ClearContents
For i = 2 To 9
    Sheet5.Range("N" & i) = Sheet5.Range("J" & i)
    Sheet5.Range("O" & i) = Sheet5.Range("K" & i)
    t = Timer
    While Timer < t + 0.4
        DoEvents
    Wend
Next
End Sub
```

图 9-43 所示的代码含义如下。

第 1 行：定义一个函数，名为 test。

第 2 行：新建一个变量 t。

第 3 行：清空单元格区域 N2:O9 已有的数据。

第 4～10 行：利用 for 循环将单元格区域 J2:K9 复制至单元格区域 N2:O9，设置变量 i，从 2 开始计数，一直到 9 才结束跳出这个循环。

第 5 行：将单元格 Ji 的数据复制粘贴到单元格 Ni 中。

第 6 行：将单元格 Ki 的数据复制粘贴到单元格 Oi 中。

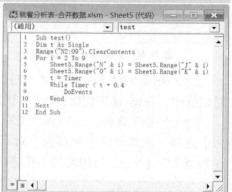

图 9-43 输入 VBA 代码

第 7 到 10 行：设置一个时间。

第 11 行：next 与 for 是搭配使用的语法。

第 12 行：定义的 test 函数的结束符。

（7）添加按钮。具体操作步骤如下。

① 回到"工作日就餐记录"工作表，在【开发工具】选项卡的【控件】命令组中，单击【插入】按钮的倒三角按钮，在弹出的下拉列表中选择【按钮(窗体控件)】选项，如图 9-44 所示。

图 9-44 选择【按钮（窗体控件）】选项

② 单击工作表的空白处后弹出【指定宏】对话框，设置【位置】为【当前工作簿】，设置【宏名】为 "Sheet5.test"，如图 9-45 所示。单击【确定】按钮，即可在这个空白处得到一个按钮，如图 9-46 所示。

图 9-45 【指定宏】对话框

图 9-46 添加按钮

（8）关闭 VBA 窗口。在【Microsoft Visual Basic for Applications - FUNCRES.XLAM】对话框中，单击 ☐ 按钮保存 VBA 代码，并关闭该窗口。

（9）保存工作簿。再回到 "工作日就餐记录" 工作表，选择【文件】选项卡的【另存为】选项，在弹出的【另存为】对话框中，将文件名改为 "就餐分析表.xlsm"，设置【保存类型】为【Excel 启用宏的工作簿(*.xlsm)】，如图 9-47 所示。

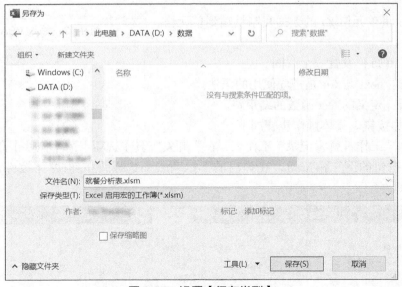

图 9-47 设置【保存类型】

（10）测试动态效果。单击图 9-46 所示的【按钮】按钮，在单元格区域 N2:O9 中会逐行复制单元格区域 J2:K9 的数据，同时看到折线图随数据变化的动态效果，如图 9-48 所示。

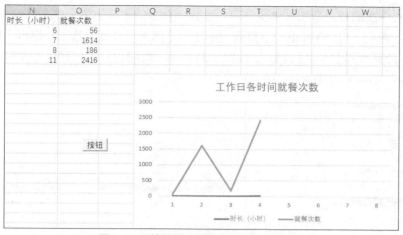

图 9-48 数据和折线图的动态展示效果

9.5 分析消费金额的区间

基于"就餐记录"工作表,计算一次消费的总金额区间。具体操作步骤如下。

(1)单击【筛选】按钮。打开"就餐记录"工作表,在【数据】选项卡的【排序和筛选】命令组中,单击【筛选】按钮,使得【筛选】按钮处于不被选中的状态。

(2)设置【创建数据透视表】对话框。在【插入】选项卡的【表格】命令组中,单击【数据透视表】按钮,在弹出的【创建数据透视表】对话框中,设置【选择放置数据透视表的位置】为【现有工作表】的单元格I1,如图 9-49 所示。

(3)设置数据透视表的字段。在【数据透视表字段】窗格中将"一次消费的总金额(元)"字段拖曳至【行】区域和【值】区域,再次将"一次消费的总金额(元)"字段拖曳至【值】区域,如图 9-50 所示。

图 9-49 设置【创建数据透视表】对话框

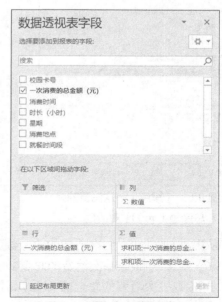

图 9-50 设置数据透视表的字段

（4）求出一次消费总金额被学生消费的次数。在【值】区域中，单击第一个【求和项:一次消费的总金额（元）】，在弹出的下拉列表中选择【值字段设置】选项，弹出【值字段设置】对话框，将【计算类型】改为【计数】，如图 9-51 所示。此时得到的数据透视表如图 9-52 所示。

行标签 ▼	计数项:一次消费的总金额（元）	求和项:一次消费的总金额（元）2
0.4	76	30.4
0.5	49	24.5
0.6	59	35.4
0.7	3	2.1
0.8	12	9.6
0.9	102	91.8
1	224	224
1.1	19	20.9
1.2	111	133.2

图 9-51　将【求和项:一次消费的总金额（元）】
的计算类型改为【计数】

图 9-52　得到的数据透视表

（5）对【计数项:一次消费的总金额（元）】进行降序排列。单击数据透视表中的【行标签】右边的倒三角按钮，在弹出的下拉列表中选择【其他排序选项】选项，弹出【排序（一次消费的总金额（元））】对话框，选择【降序排列（Z 到 A）依据】单选按钮，并选择【计数项：一次消费的总金额（元）】，如图 9-53 所示。单击【确定】按钮，即可查看降序排列后的一次消费的总金额，如图 9-54 所示。

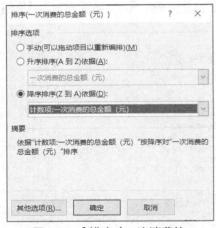

行标签 ▼	计数项:一次消费的总金额（元）	求和项:一次消费的总金额（元）2
8	1190	9520
6	855	5130
7	802	5614
2	612	1224
5	436	2180
3	410	1230
5.5	406	2233
4	386	1544
9	371	3339

图 9-53　【排序（一次消费的
总金额（元））】对话框

图 9-54　降序排列后的一次消费的总金额

从图 9-54 可知，一次消费的总金额为 8 的一次消费总金额最高，其次是 6 和 7。

（6）对【求和项:一次消费的总金额（元）2】进行降序排列。按照步骤（5）的方法，对【求和项:一次消费的总金额（元）2】进行降序排列，即可显示累计的一次消费总金额最高的消费金额数，如图 9-55 所示。

行标签	计数项:一次消费的总金额（元）	求和项:一次消费的总金额（元）2
8	1190	9520
7	802	5614
6	855	5130
9	371	3339
5.5	406	2233
5	436	2180
10	195	1950
6.5	238	1547
4	386	1544

图 9-55　降序排列后的累计一次消费总金额

由图 9-55 可知，累计的一次消费总金额最高对应的行标签为 8，其次是 7 和 6；与图 9-54 的排名相比，顺序会有一定的差别。

（7）划分一次消费的总金额的区间。具体操作步骤如下。

① 单击数据透视表中的【行标签】右边的 按钮，在弹出的下拉列表中选择【升序】选项，恢复到按照价格升序排列。

② 选择单元格 I2，在【分析】选项卡的【组合】命令组中，单击【分组字段】图标，如图 9-56 所示。弹出【组合】对话框。

图 9-56　单击【分组字段】图标

③ 在【组合】对话框中，勾选【起始于】和【终止于】复选框，将【步长】改为 5，如图 9-57 所示。得到的数据透视表如图 9-58 所示。保存工作簿。

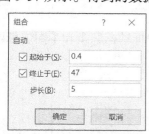

图 9-57　【组合】对话框

行标签	计数项:一次消费的总金额（元）	求和项:一次消费的总金额（元）2
0.4-5.4	5774	17021.9
10.4-15.4	463	5735.21
15.4-20.4	173	2944.8
20.4-25.4	15	327.8
25.4-30.4	5	135
30.4-35.4	1	32
45.4-50.4	1	47
5.4-10.4	5146	37275.71
总计	11578	63519.42

图 9-58　划分区间后的数据透视表

④ 选择单元格区域 J2:J9 中的任意一个单元格，在【数据】选项卡的【排序和筛选】命令组中，单击 按钮，对 J 列进行降序排列，如图 9-59 所示。

（8）绘制组合图。具体操作步骤如下。

① 在【插入】选项卡的【图表】命令组中，单击 按钮，弹出【插入图表】对话框，切换至【所有图表】选项卡，选择【组合图】选项，勾选【求和项:一次消费的总金额（元）2】中的【次坐标轴】复选框，如图 9-60 所示。单击【确定】按钮。

行标签	计数项:一次消费的总金额（元）	求和项:一次消费的总金额（元）2
0.4-5.4	5774	17021.9
5.4-10.4	5146	37275.71
10.4-15.4	463	5735.21
15.4-20.4	173	2944.8
20.4-25.4	15	327.8
25.4-30.4	5	135
30.4-35.4	1	32
45.4-50.4	1	47
总计	11578	63519.42

图 9-59　降序排列后的数据透视表

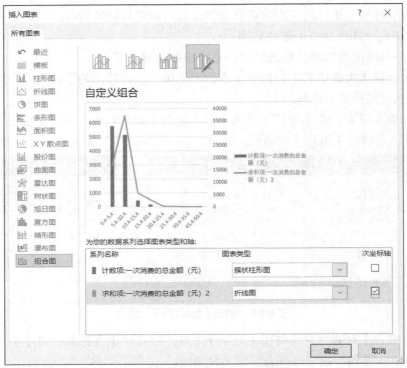

图 9-60　【插入图表】对话框

② 单击组合图右边的 + 按钮，在弹出的列表中，勾选【坐标轴标题】和【图表标题】复选框，如图 9-61 所示。

图 9-61　勾选【坐标轴标题】和【图表标题】复选框

③ 将左边的纵坐标轴标题改为"消费次数"，将右边的纵坐标轴标题改为"消费金额（元）"，将横坐标轴标题改为"消费区间"，将图表标题改为"消费区间分析"，如图 9-62 所示。

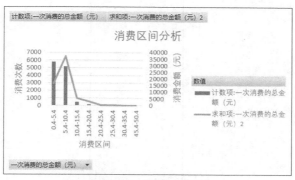

图 9-62　组合图效果

由图 9-62 可知，最受欢迎的消费价格区间是 0.4 元～5.4 元，其次是 5.4 元～10.4 元，从总的消费金额来看，这两个价格区间的总金额也是最高的。

项目总结

本项目主要分析食堂的就餐情况，所以需要先通过筛选的方法得到有关食堂的数据，然后基于项目目标，通过绘制饼图的方法分析早餐、午餐、晚餐 3 个时间段各食堂的就餐次数，通过绘制折线图的方法分析工作日和非工作日的就餐情况，并且通过编写 VBA 程序实现折线图的动态展示效果，最后通过绘制组合图的方法分析消费金额的区间。

技能拓展

基于"就餐记录"工作表，分析早餐、午餐、晚餐各食堂的就餐情况，除了使用 9.2.2 小节中的方法（筛选与高级筛选的方法）外，还可以使用数据透视表的方法。具体操作步骤如下。

（1）创建数据透视表。选中数据中的任意一个单元格，在【插入】选项卡的【表格】命令组中，单击【数据透视表】按钮，弹出【创建数据透视表】对话框，单击【确定】按钮，即可得到新的数据透视表，并将数据透视表所在的工作表重命名为"就餐记录数据透视表"。

（2）填充数据透视表的数据。在【数据透视表字段】窗格中，将"校园卡号""消费地点""消费时间""时长（小时）""一次消费的总金额（元）"字段按序拖曳至【行】区域，如图 9-63 所示。得到的数据透视表效果如图 9-64 所示。

（3）修改数据透视表。图 9-64 所示的数据透视表具有高度的汇总性，因此需要进行修改。具体操作步骤如下。

① 在【设计】选项卡的【布局】命令组中，单击【分类汇总】按钮，在弹出的下拉列表中选择【不显示分类汇总】选项，如图 9-65 所示。

图 9-63 【数据透视表字段】窗格

图 9-64 数据透视表效果

图 9-65 选择【不显示分类汇总】选项

② 单击【报表布局】按钮，在弹出的下拉列表中先选择【以表格形式显示】选项，如图 9-66 所示。再选择【重复所有项目标签】选项，适当调整列宽。得到的结果如图 9-67 所示。

图 9-66 选择【以表格形式显示】选项

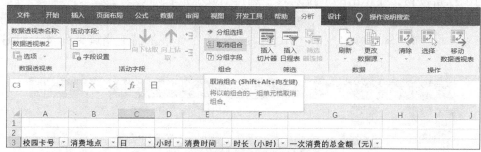

图 9-67　修改数据透视表后的结果

图 9-67 所示的数据透视表的时间被拆分成日和小时，所以需将其取消拆分。

（4）取消消费时间组合。选择 C 列任意一个有数据的单元格，在【分析】选项卡的【组合】命令组中，单击【取消组合】按钮，如图 9-68 所示。调整 C 列的列宽，得到的效果如图 9-69 所示。此时在【数据透视表字段】窗格的【行】区域中也没有了"日"和"小时"。

图 9-68　单击【取消组合】按钮

图 9-69　取消消费时间组合后的效果

（5）勾选【选择多项】复选框。在【数据透视表字段】窗口中，将"就餐时间段"拖曳至【筛选】区域，作为报表筛选区。单击单元格 B1 右侧的倒三角按钮，在弹出的下拉列表中勾选【选择多项】复选框后取消勾选【其他】复选框，如图 9-70 所示。单击【确定】按钮。

图 9-70　勾选【选择多项】复选框

（6）拆分工作表。在【分析】选项卡的【数据透视表】命令组中，单击【选项】按钮右侧的倒三角按钮，在弹出的下拉列表中选择【显示报表筛选页】选项，如图 9-71 所示。弹出【显示报表筛选页】对话框，单击【确定】按钮，即可自动拆分并生成 3 个分别名为"早餐""午餐"和"晚餐"的工作表。这 3 个工作表都需适当调整列宽，如图 9-72 所示。

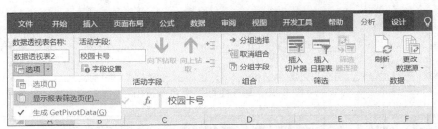

图 9-71　选择【显示报表筛选页】选项

图 9-72　成功拆分成 3 个工作表

技能训练

1. 训练目的

基于"就餐记录"工作表，分析学生对消费地点的偏好，并绘制对应的饼图，如图 9-73 所示。

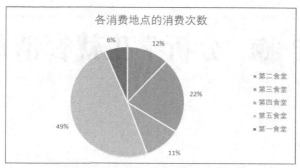

图 9-73 各消费地点的消费次数饼图

2. 训练要求

（1）基于"就餐记录"工作表，在新的工作表中建立数据透视表。

（2）统计各消费地点的消费次数。

（3）绘制各消费地点消费次数的饼图。

 思考题

【导读】民以食为天，食以粮为先。粮食作为特殊商品，是人类赖以生存的宝贵资源，也是重要的战略物资。近年来，国家大力倡导"光盘行动"，餐饮行业纷纷响应号召，在菜单上添加了"半份"与"小份"等选项。"您这桌一共是 8 个人，点 10 个菜可能会有些多了"。在服务员口中常常听到诸如此类的温馨提示，为了更加科学地指导人们点餐，专家更是推出了"$N-1$"式点餐法。在社会各界的共同努力下，我国的粮食浪费状况也有所改观，实在可喜可贺。

【思考题】假如您是一名教师，您该如何引导您的学生节约粮食，低碳生活，拒绝浪费？

项目 ⑩ 分析学生就餐消费行为

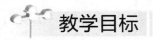

教学目标

1. 技能目标

（1）能根据实际情况选择合适的 Excel 函数解决问题。

（2）能根据实际情况正确运用分类汇总进行数据分析。

（3）能根据需求选择合适的图表进行可视化展示。

2. 知识目标

（1）掌握 VLOOKUP、MATCH、INDEX、RANK 函数的作用及使用方法。

（2）掌握绘制堆积柱形图、组合图、饼图的方法。

3. 素养目标

（1）引导学生树立正确的消费观，发扬艰苦奋斗、勤俭节约的精神。

（2）引导学生崇德向善、关爱他人、诚实守信。

项目背景

为巩固拓展脱贫攻坚成果，根据某高校学生的就餐数据，分析哪些学生更有可能是贫困生，从而进行精准帮扶。首先需分析各专业不同性别的学生的平均消费金额和平均就餐次数，由此才能对该校学生的消费水平有简单的了解；其次需要求出贫困指标；最后将贫困指标较高者确定为贫困生。

项目目标

（1）分析各专业不同性别的学生的平均消费金额。

（2）分析各专业不同性别的学生的平均就餐次数。

（3）分析不在食堂就餐的学生的专业。

（4）分析贫困生名单。

项目分析

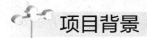

（1）使用分类汇总的方法求出每个学生的平均消费金额。

（2）根据校园卡号查找"就餐记录"工作表中学生的专业和性别。

（3）使用函数求出每个学生的平均就餐次数。

（4）使用函数找出不在食堂就餐的学生，并绘制饼图分析这些学生的专业。

（5）分析每个学生的贫困指标，并按综合排名的高低进行排列，从而得到贫困生名单。

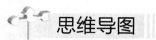思维导图

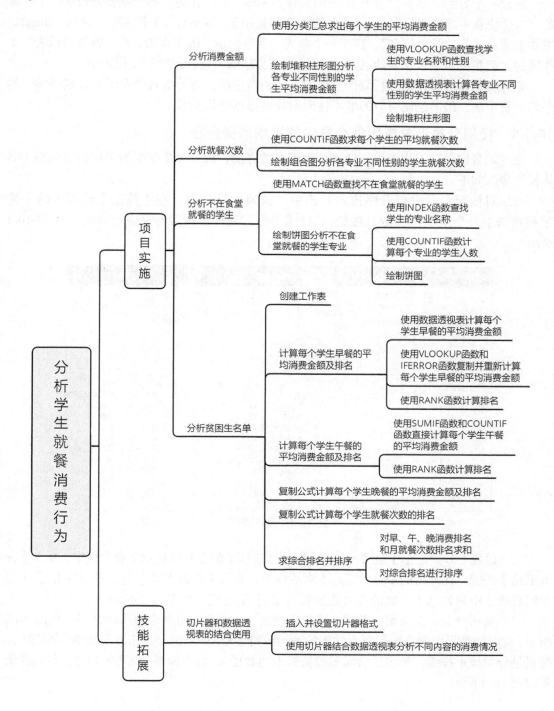

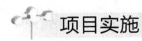 项目实施

10.1 分析消费金额

新建一个名为"消费行为分析表-消费行为.xlsx"的工作簿，将"就餐分析表"工作簿的"学生信息（清洗完数据）"工作表的 A:E 列复制至"Sheet1"工作表中，并将"Sheet1"工作表重命名为"学生信息"；新建一个名为"就餐记录"的工作表，将"就餐分析表"工作簿的"就餐记录"工作表的 A 至 G 列复制至新建的"就餐记录"工作表中。

先进行整体分析，即分析每个学生的平均消费金额，再分析各专业不同性别的学生的平均消费金额，最后绘制对应的堆积柱形图并进行可视化展示。

10.1.1 使用分类汇总求出每个学生的平均消费金额

在"就餐记录"工作表中，通过分类汇总的方法，统计每个学生的平均消费金额。具体操作步骤如下。

（1）对校园卡号进行升序排列。选中"校园卡号"列，在【数据】选项卡的【排序和筛选】命令组中，单击 按钮，"校园卡号"列即可按照升序进行排列，如图 10-1 所示。

图 10-1 升序排列

（2）设置【分类汇总】对话框。在【数据】选项卡的【分级显示】命令组中，单击【分类汇总】按钮，在弹出的【分类汇总】对话框中，设置【汇总方式】为【平均值】，在【选定汇总项】中只勾选【一次消费的总金额（元）】复选框，如图 10-2 所示。

（3）显示分类汇总结果。单击【确定】按钮，即可显示分类汇总后的结果，如图 10-3 所示；此时的结果中没有展示每个学生的平均消费金额，所以需要单击左上角的 2 按钮（此按钮是分级显示按钮，单击后会隐藏较低级别的数据），适当调整 A 列的列宽，得到的效果如图 10-4 所示。

图 10-2 设置【分类汇总】对话框

	A	B	C	D	E	F	G
1	校园卡号	一次消费的总金额（元）	消费时间	时长（小时）	星期	消费地点	就餐时间段
2	180001	7	2019/4/2 11:40	11	3	第四食堂	午餐
3	180001	4	2019/4/4 7:38	7	5	第一食堂	早餐
4	180001	9	2019/4/8 11:26	11	2	第四食堂	午餐
5	180001	5	2019/4/8 17:28	17	2	第四食堂	晚餐
6	180001	2	2019/4/9 9:27	9	3	第一食堂	其他
7	180001	4.5	2019/4/9 16:23	16	3	第四食堂	其他
8	180001	11	2019/4/10 16:42	16	4	第四食堂	其他
9	180001	2.5	2019/4/15 7:50	7	2	第一食堂	早餐
10	180001	7	2019/4/15 11:43	11	2	第四食堂	午餐

图 10-3 分类汇总结果

图 10-4 单击分级显示按钮后的效果

（4）复制每个学生的平均消费金额数据。具体操作步骤如下。

① 新建一个名为"分析消费金额"的工作表，选中图 10-4 所示的 A 列和 B 列，按【Ctrl＋C】组合键进行复制，在"分析消费金额"工作表中，选择单元格 A1。

② 在【开始】选项卡的【剪贴板】命令组中，依次单击【粘贴】按钮→ 按钮，如图 10-5 所示。只粘贴数据的值，不粘贴公式或其他格式。

③ 适当调整列宽，然后选中 A 列，在【开始】选项卡的【样式】命令组中，单击【条件格式】按钮，在弹出的下拉列表中依次选择【突出显示单元格规则】选项→【文本包含】选项，如图 10-6 所示。

图 10-5　依次单击【粘贴】等按钮

图 10-6　单击【文本包含】选项

④　在弹出的【文本中包含】对话框中，在第 1 个文本框中输入"平均值"，如图 10-7 所示。单击【确定】按钮。

⑤　单击数据区域中的任意一个单元格，在【数据】选项卡的【排序和筛选】命令组中，单击【筛选】按钮，单击"校园卡号"列旁的倒三角按钮，依次选择【按颜色筛选】选项→【无填充】选项，如图 10-8 所示。

图 10-7　【文本中包含】对话框

图 10-8　选择【无填充】选项

⑥ 选中单元格 A2，按【Ctrl + Shift + ↓】组合键，即可选中除第 1 行之外的 A 列的所有数据，右键单击选中的区域，选择【删除行】命令，在弹出的【Microsoft Excel】对话框中，单击【确定】按钮。

⑦ 在【数据】选项卡的【排序和筛选】命令组中，单击【筛选】按钮，使得【筛选】按钮处于不被选中的状态，即可得到所有校园卡号的平均消费金额，如图 10-9 所示。

	A	B
1	校园卡号	一次消费的总金额（元）
2	180001 平均值	5.642857143
3	180002 平均值	3.852631579
4	180004 平均值	8.407017544
5	180005 平均值	8.352631579
6	180006 平均值	10.96666667
7	180007 平均值	7.333333333
8	180008 平均值	7.35
9	180009 平均值	8.31
10	180011 平均值	5.373684211

图 10-9　所有校园卡号的平均消费金额

（5）设置 A 列格式。在 A 列的校园卡号的值中含有"平均值"，需要删除多余的字符，只保留校园卡号的值。具体操作步骤如下。

① 在【开始】选项卡的【编辑】命令组中，单击【查找和选择】按钮，在弹出的下拉列表中选择【替换】选项，如图 10-10 所示。

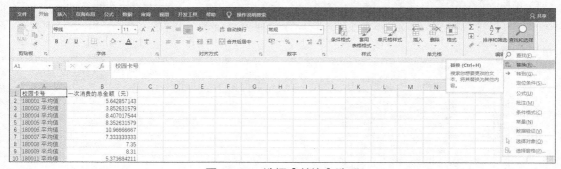

图 10-10　选择【替换】选项

② 在弹出的【查找和替换】对话框中，设置【查找内容】为" 平均值（注意文本前有一个空格）"，如图 10-11 所示。

图 10-11　【查找和替换】对话框

③ 单击【全部替换】按钮，即可将" 平均值"替换为空，弹出【Microsoft Excel】对话框提示替换结果，如图 10-12 所示。单击【确定】按钮。

④ 按【Ctrl + ↓】组合键可以查看数据的最后一行，发现"总计平均值"未被删除，需要右键单击这一行数据，在弹出的快捷菜单中选择【删除】命令，如图 10-13 所示。将删除这一行数据。

（6）设置 B 列的数字格式。在【开始】选项卡的【数字】命令组中，单击·按钮，在弹出的下拉列表中选择【数字】选项，如图 10-14 所示。B 列的数据即可保留 2 位小数。

Excel 数据分析实务

将单元格 B1 改为"平均消费金额（元）"。

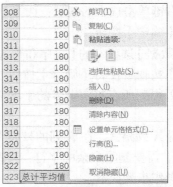

图 10-12 【Microsoft Excel】对话框　　　图 10-13　选择【删除】命令

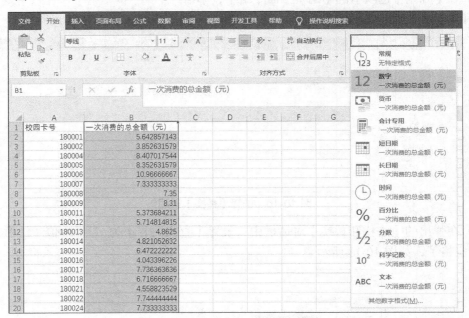

图 10-14　设置 B 列的数字格式

（7）恢复"就餐记录"工作表的数据，即取消分类汇总。打开"就餐记录"工作表，在【数据】选项卡的【分级显示】命令组中，单击【分类汇总】按钮，在弹出的【分类汇总】对话框中，单击【全部删除】按钮，即可取消分类汇总。

10.1.2　绘制堆积柱形图分析各专业不同性别的学生的平均消费金额

新建一个名为"就餐分析"的工作表，将"分析消费金额"工作表的 A:B 列复制至新建的"就餐分析"工作表中。对各专业不同性别的学生的消费金额进行分析，需要先查找"就餐分析"工作表中每个学生对应的专业名称及其性别，然后计算各专业不同性别的学生的平均消费金额，最后绘制堆积柱形图进行分析。

1．使用函数查找学生的专业名称和性别

在"就餐分析"工作表中，根据校园卡号查找学生的专业名称和性别。具体操作步骤如下。

（1）打开【函数参数】对话框。在单元格 C1 中输入"专业"，在单元格 D1 中输入"性别"，选中单元格 C2，在【编辑栏】中单击 f_x 按钮，弹出【插入函数】对话框，在【或选择类别】中选择【查找与引用】选项，在【选择函数】中选择【VLOOKUP】选项，单击【确定】按钮，弹出【函数参数】对话框。

（2）设置【函数参数】对话框。设置【Lookup_value】为单元格 A2，设置【Table_array】为"学生信息"工作表中的 B 列至 D 列，在【Col_index_num】中输入"3"，在【Range_lookup】中输入"0"，如图 10-15 所示。

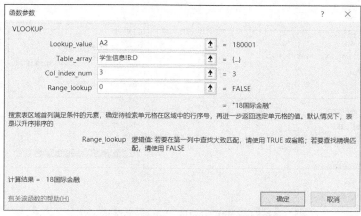

图 10-15 设置 VLOOKUP 函数的参数

（3）查找校园卡号为"180001"学生的专业名称。单击【确定】按钮，即可查找校园卡号为 180001 学生对应的专业，适当调整列宽，如图 10-16 所示。

（4）查找所有学生的专业名称。将鼠标指针移至单元格 C2 的右下角，当鼠标指针变为黑色加粗的"+"时双击，即可查找所有学生的专业名称。

（5）按照步骤（1）～步骤（4）的方法，根据校园卡号查找所有学生的性别，如图 10-17 所示。

图 10-16 查找校园卡号为"180001"学生对应的专业　　图 10-17 查找所有学生的性别

2. 使用透视表计算各专业不同性别的学生的平均消费金额

在"就餐分析"工作表中，计算各专业不同性别的学生的平均消费金额。具体操作步骤如下。

（1）创建数据透视表。单击数据区域中的任意一个单元格，在【插入】选项卡的【表格】命令组中，单击【数据透视表】按钮，在弹出的【创建数据透视表】对话框中，在【选择放置数据透视表的位置】中选择【现有工作表】单选按钮，并设置位置为单元格 F1，如

图 10-18 所示。单击【确定】按钮。

（2）设置【数据透视表字段】窗格。具体操作步骤如下。

① 将"专业"字段拖曳至【行】区域，将"性别"字段拖曳至【列】区域，将"平均消费金额（元）"字段拖曳至【值】区域。

② 单击【值】区域中的【求和项:平均消费金额（元）】旁边的倒三角按钮，在弹出的下拉列表中选择【值字段设置】选项，弹出【值字段设置】对话框，将【计算类型】设置为【平均值】，如图 10-19 所示。

图 10-18 【创建数据透视表】对话框

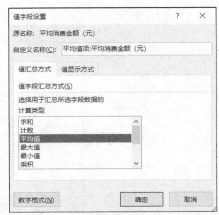

图 10-19 【值字段设置】对话框

③ 单击【数字格式】按钮，弹出【设置单元格格式】对话框，选择【分类】列表框中的【数值】选项，单击【确定】按钮回到【值字段设置】对话框，再单击【确定】按钮，即可求出各专业不同性别的学生的平均消费金额，如图 10-20 所示。

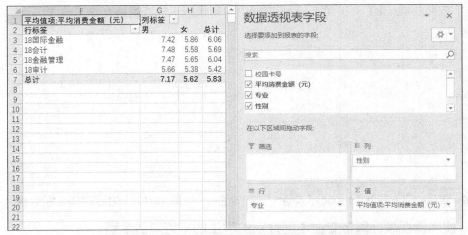

图 10-20 各专业不同性别的学生的平均消费金额

3. 绘制堆积柱形图

柱形图是以宽度相等的柱形高度的差异来显示统计指标数值大小的一种图形，常用于显示一段时间内的数据变化或显示各项之间的比较情况。常见的柱形图包括簇状柱形图、堆积柱形图和百分比堆积柱形图等。

在"就餐分析"工作表中，绘制堆积柱形图分析各专业不同性别的学生的平均消费金额。具体操作步骤如下。

（1）绘制堆积柱形图。选择单元格区域F3:I6，在【分析】选项卡的【工具】命令组中，单击【数据透视图】按钮，在弹出的【插入图表】对话框中，选择【堆积柱形图】，如图10-21所示。单击【确定】按钮即可得到堆积柱形图，如图10-22所示。

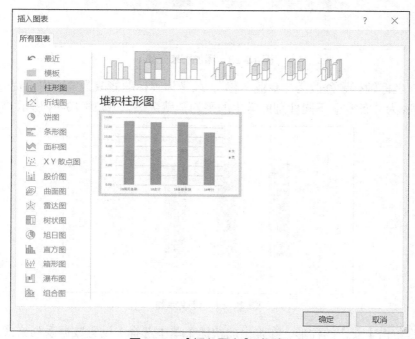

图 10-21 【插入图表】对话框

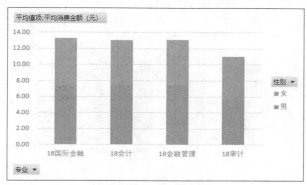

图 10-22   堆积柱形图

（2）美化堆积柱形图。具体操作步骤如下。

① 右键单击图10-22所示的【平均值项:平均消费金额（元）】按钮，在弹出的快捷菜单中选择【隐藏图表上的所有字段按钮】命令。

② 选中柱形图，单击堆积柱形图右侧的 ➕ 按钮，在弹出的列表中勾选【坐标轴标题】和【图表标题】复选框，如图10-23所示。

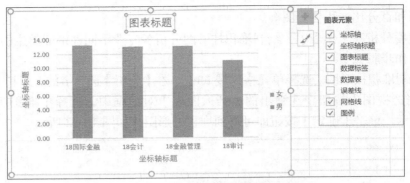

图 10-23　添加图表元素

③ 将横坐标轴标题修改为"专业名称"，纵坐标轴标题修改为"平均消费金额（元）"，图表标题修改为"各专业不同性别的学生的平均消费金额"，如图 10-24 所示。

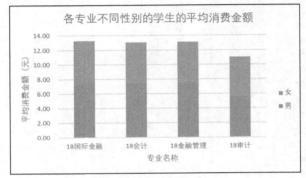

图 10-24　修改标题

④ 右键单击【女】的柱形，在弹出的快捷菜单中选择【设置数据系列格式】命令，如图 10-25 所示。

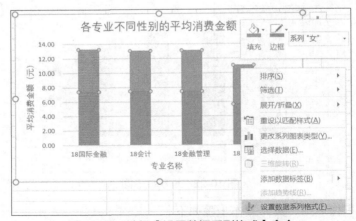

图 10-25　选择【设置数据系列格式】命令

⑤ 在弹出的【设置数据系列格式】窗格中，选择【填充】中的【纯色填充】单选按钮，选择颜色为【蓝色，个性色 1，淡色 60%】，如图 10-26 所示。最终得到的堆积柱形图效果如图 10-27 所示。

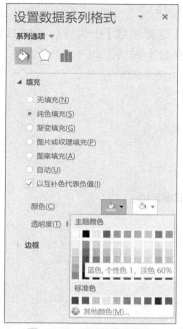

图 10-26　设置填充颜色

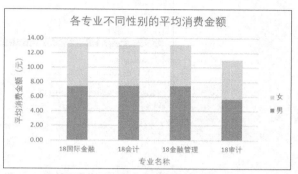

图 10-27　美化后的堆积柱形图

由图 10-27 可知，男生的平均消费金额比女生的高，18 国际金融、18 会计、18 金融管理专业的男学生或女学生的平均消费金额相差不明显，18 审计专业的男学生的平均消费金额比较低。

10.2　分析就餐次数

学生的就餐次数也属于学生的消费行为，需要基于"就餐记录"工作表分析每个学生的就餐次数。

10.2.1　使用函数求每个学生的平均就餐次数

因为在"就餐记录"工作表中，每一行数据代表学生的一次就餐，所以只需要统计"就餐记录"工作表中每个学生的校园卡号的计数，即可得到每个学生的就餐次数。具体操作步骤如下。

（1）新增"就餐次数"列。在"就餐分析"工作表中，在 C 列前插入一列，并将 C 列的数字格式设为【常规】，在单元格 C1 中输入"就餐次数"，如图 10-28 所示。

	A	B	C	D	E
1	校园卡号	平均消费金额（元）	就餐次数	专业	性别
2	180001	5.64		18国际金融	男
3	180002	3.85		18国际金融	男
4	180004	8.41		18国际金融	男
5	180005	8.35		18国际金融	男
6	180006	10.97		18国际金融	男
7	180007	7.33		18国际金融	男
8	180008	7.35		18国际金融	男
9	180009	8.31		18国际金融	女
10	180011	5.37		18国际金融	女

图 10-28　新增"就餐次数"列

Excel 数据分析实务

（2）打开【函数参数】对话框。选中单元格 C2，在【编辑栏】中单击 *fx* 图标，弹出【插入函数】对话框，在【或选择类别】中选择【统计】选项，在【选择函数】中选择【COUNTIF】选项，如图 10-29 所示。单击【确定】按钮，弹出【函数参数】对话框。

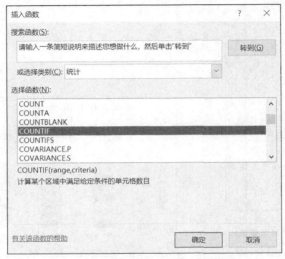

图 10-29 【插入函数】对话框

（3）设置【函数参数】对话框。设置【Range】为"就餐记录"工作表中的 A 列，设置【Criteria】为单元格 A2，如图 10-30 所示。单击【确定】按钮，得到校园卡号为 180001 的学生的总就餐次数为 28 次，如图 10-31 所示。

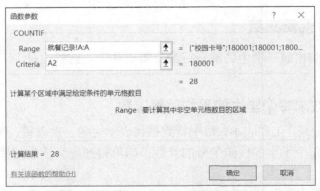

图 10-30 设置 COUNTIF 函数的参数

	A	B	C	D	E
1	校园卡号	平均消费金额（元）	就餐次数	专业	性别
2	180001	5.64	28	18国际金融	男
3	180002	3.85		18国际金融	男
4	180004	8.41		18国际金融	男
5	180005	8.35		18国际金融	男
6	180006	10.97		18国际金融	男
7	180007	7.33		18国际金融	男
8	180008	7.35		18国际金融	男
9	180009	8.31		18国际金融	女
10	180011	5.37		18国际金融	女

C2 单元格公式：=COUNTIF(就餐记录!A:A,A2)

图 10-31 校园卡号为 180001 的学生的总就餐次数

（4）求所有学生的就餐次数。将鼠标指针移至单元格 C2 的右下角，当鼠标指针变为黑色加粗的"+"时双击，即可求出所有学生的就餐次数，如图 10-32 所示。

	A	B	C	D	E
1	校园卡号	平均消费金额（元）	就餐次数	专业	性别
2	180001	5.64	28	18国际金融	男
3	180002	3.85	19	18国际金融	男
4	180004	8.41	57	18国际金融	男
5	180005	8.35	19	18国际金融	男
6	180006	10.97	6	18国际金融	男
7	180007	7.33	60	18国际金融	男
8	180008	7.35	34	18国际金融	男
9	180009	8.31	30	18国际金融	女
10	180011	5.37	57	18国际金融	女

图 10-32 所有学生的就餐次数

10.2.2 绘制组合图分析各专业不同性别的学生的就餐次数

在"就餐分析"工作表中，对各专业不同性别的学生的就餐次数进行分析，需要先使用透视表统计每个专业的学生的总就餐次数，再绘制簇状柱形-折线图组合图进行分析。具体操作步骤如下。

（1）使用透视表统计每个专业的学生的总就餐次数。具体操作步骤如下。

① 在【分析】选项卡的【数据】命令组中，单击【更改数据源】按钮，选择【更改数据源】选项，如图 10-33 所示。

图 10-33 选择【更改数据源】选项

② 在弹出的【更改数据透视表数据源】对话框中默认选择了"就餐分析"工作表中的全部数据，如图 10-34 所示，即包含 10.2.1 小节新增的"就餐次数"列，单击【确定】按钮。

图 10-34 【更改数据透视表数据源】对话框

③ 此时在【数据透视表字段】窗口中并没有显示"就餐次数"列，需要在【分析】选项卡的【数据】命令组中，单击【刷新】按钮。

④ 在【数据透视表字段】窗口中，将"就餐次数"字段拖曳至【值】区域，单击【值】

区域中的【求和项:就餐次数】旁边的倒三角按钮，在弹出的下拉列表中选择【值字段设置】选项，弹出【值字段设置】对话框，将【计算类型】设置为【平均值】。

⑤ 单击【值字段设置】对话框中的【数字格式】按钮，弹出【设置单元格格式】对话框，选择【分类】列表框中的【数值】选项，单击【确定】按钮回到【值字段设置】对话框，再单击【确定】按钮，得到的数据透视表如图 10-35 所示。此时图 10-24 所示的数据透视图会同步更新，如图 10-36 所示。

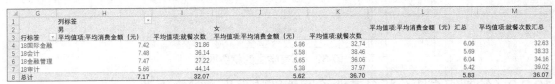

图 10-35　更新后的数据透视表

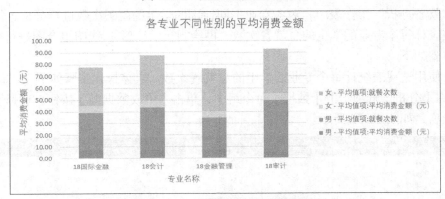

图 10-36　更新后的数据透视图

（2）修改图 10-36 所示的图类型。具体操作步骤如下。

① 选中图 10-36 所示的图，在【设计】选项卡的【类型】命令组中，单击【更改图表类型】按钮，如图 10-37 所示。

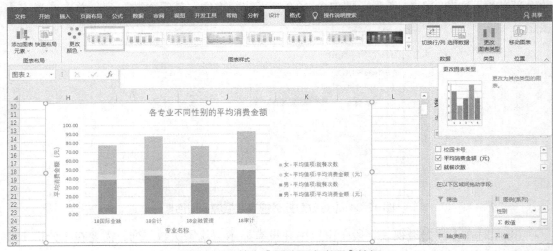

图 10-37　单击【更改图表类型】按钮

② 在弹出的【更改图表类型】对话框中，选择【组合图】选项；设置【男 - 平均值项：就餐次数】系列的图表类型为【折线图】，勾选【次坐标轴】复选框；设置【女 - 平均值项：平均消费金额（元）】系列的图表类型为【簇状柱形图】；勾选【女 - 平均值项：就餐次数】系列的【次坐标轴】复选框，如图 10-38 所示。单击【确定】按钮。

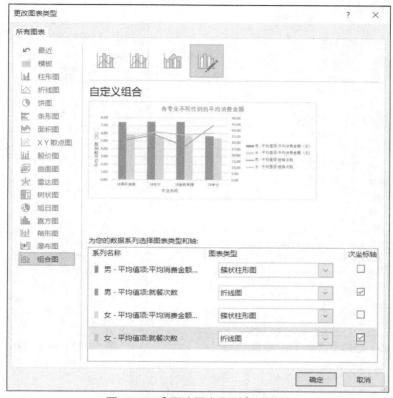

图 10-38 【更改图表类型】对话框

（3）美化组合图。具体操作步骤如下。

① 将图表标题改为"各专业不同性别的学生的消费情况"，单击图右侧的 + 按钮，在弹出的列表中单击【坐标轴标题】旁的 ▶ 按钮，勾选【次要纵坐标轴】复选框，如图 10-39 所示。将次要纵坐标轴标题改为"平均就餐次数"。

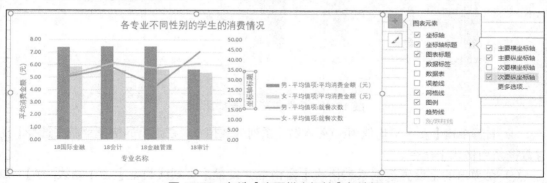

图 10-39 勾选【次要纵坐标轴】复选框

② 单击图右侧的 按钮，在弹出的列表中单击【坐标轴标题】旁的▸，选择【更多选项】选项，在弹出的【设置坐标轴格式】窗格中，单击【坐标轴选项】旁的倒三角按钮，在弹出的下拉列表中选择【次坐标轴 垂直(值)轴】，如图 10-40 所示。

③ 将边界的最小值改为"25.0"，如图 10-41 所示。最终得到的簇状柱形-折线图组合图如图 10-42 所示。

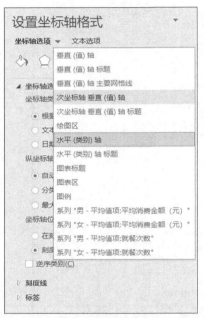

图 10-40　选择【次坐标轴 垂直(值)轴】

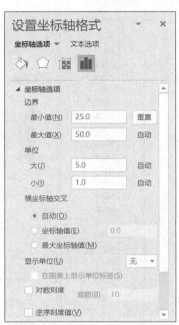

图 10-41　设置边界

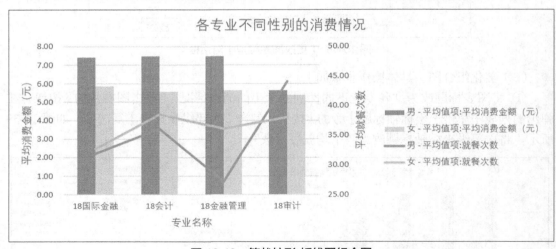

图 10-42　簇状柱形-折线图组合图

④ 右键单击【女 - 平均值项:就餐次数】系列的数据线，在弹出的快捷菜单中选择【设置数据系列格式】命令。

⑤ 在弹出的【设置数据系列格式】窗格中，设置【短划线类型】为【划线–点】，如图 10-43 所示。

⑥ 单击【女-平均值项:平均消费金额（元）】的柱形，在【设置数据系列格式】窗口中，选择【填充】中的【图案填充】单选按钮，如图 10-44 所示。得到的组合图效果如图 10-45 所示。

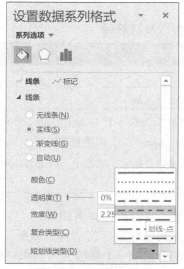

图 10-43　设置线条　　　　　图 10-44　选择【填充】中的【图案填充】单选按钮

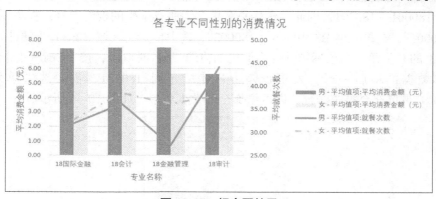

图 10-45　组合图效果

由图 10-45 可知，不同专业的男生的平均就餐次数相差较大，其中 18 审计专业的男生的平均就餐次数最高，18 金融管理的男生的平均就餐次数最低；而不同专业的女生的平均就餐次数相差相对不大。

10.3　分析不在食堂就餐的学生

"就餐分析"工作表的 A 列数据为所有在食堂就餐的学生的校园卡号，即共有 321 个学生在食堂就餐，而学生的校园卡号范围是 180001～180391，即共有 391 个学生，所以在食堂就餐的学生占所有学生的比例为 321 ÷ 391 × 100%≈82.1%，说明大部分学生选择在食堂就餐。对于不在食堂就餐的学生，可以分析其专业的分布情况。

10.3.1　使用函数查找不在食堂就餐的学生

MATCH 函数可以返回在指定方式下与指定数值匹配的数据中元素的相应位置。

MATCH 函数的使用格式如下。

```
MATCH(lookup_value, lookup_array, match_type)
```

MATCH 函数的参数及其解释如表 10-1 所示。

表 10-1   MATCH 函数的参数及其解释

参数	参数解释
lookup_value	必需。表示需要在数据表中查找的数值
lookup_array	必需。表示包含所要查找的数值连续单元格区域
match_type	可选。若 match_type 为 1，则函数查找小于或等于 lookup_value 的最大数值，lookup_array 必须按升序排列；若 match_type 为 0，则函数查找等于 lookup_value 的第一个数值；若 match_type 为-1，则函数查找大于或等于 lookup_value 的最大数值，lookup_array 必须按降序排列

使用 MATCH 函数查找不在食堂就餐的学生名单。具体操作步骤如下。

（1）新建工作表。新建一个名为"非食堂就餐"的工作表，将"就餐分析"工作表的 A 列数据复制至"非食堂就餐"工作表的 A 列，并将单元格 A1 修改为"食堂就餐学生"。

（2）添加"学生总名单"列。在单元格 B1 中输入"学生总名单"，已知学生的校园卡号范围是 180001～180391，因此"学生总名单"为所有学生的校园卡号。在单元格 B2 中输入"180001"，在单元格 B3 中输入"180002"，选中单元格区域 B2:B3，将鼠标指针移至单元格 B3 的右下角，当鼠标指针变为黑色加粗的"+"时双击，按【Ctrl +↓】组合键可以跳转到数据的最后一行，发现校园卡号才填充到 180321，需要选中单元格区域 B321:B322，再填充至第 392 行，即可添加全部学生名单，如图 10-46 所示。

图 10-46   学生总名单

（3）添加"是否在食堂就餐"列，用于标记学生总名单中每个学生是否在食堂吃饭。如果某名学生在食堂就餐，那么将可以在 A 列找到其校园卡号，即可以查找该校园卡号所在的位置，并在"是否在食堂就餐"列中标记。具体操作步骤如下。

① 按【Ctrl +↑】组合键回到第 1 行，在单元格 C1 中输入"是否在食堂就餐"，适当调整列宽，选中单元格 C2，在【编辑栏】中单击 ƒ 按钮，弹出【插入函数】对话框，在【或选择类别】中选择【查找与引用】选项，在【选择函数】中选择【MATCH】选项，单击【确定】按钮，弹出【函数参数】对话框。

② 设置【Lookup_value】为单元格 B2，设置【Lookup_array】为 A 列，在【Match_type】中输入"0"，如图 10-47 所示。

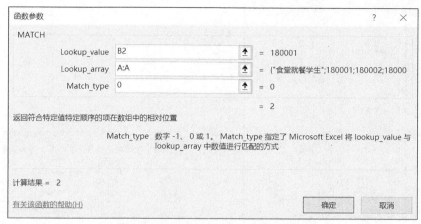

图 10-47 设置 MATCH 函数的参数

③ 单击【确定】按钮，在单元格 C2 中即可返回单元格 B2 的校园卡号在 A 列中的行号，如图 10-48 所示。

图 10-48 校园卡号为 180001 的学生在第 A 列中的行号

图 10-48 所示公式的意思为：如果单元格 B2 的校园卡号不存在于 A 列中时，那么将会在单元格 C2 中显示为"#N/A"，否则将会在单元格 C2 中显示单元格 B2 的校园卡号在 A 列中行号。

④ 将鼠标指针移至单元格 C2 的右下角，当鼠标指针变为黑色加粗的"+"时双击，即可查找学生总名单中的校园卡号在 A 列中的行号。

（4）删除在食堂就餐的学生名单。单击数据区域中的任意一个单元格，在【数据】选项卡的【排序和筛选】命令组中，单击【筛选】按钮，单击 C 列旁的倒三角按钮，在弹出的下拉列表中取消勾选最后一项【#N/A】，如图 10-49 所示。单击【确定】按钮，显示的数据为在食堂就餐的学生名单，选中单元格区域 B2:C392，并右键单击选中的区域，在弹出的快捷菜单中选中【删除行】命令，在弹出的【Microsoft Excel】对话框中单击【确定】按钮。

（5）显示不在食堂就餐的学生名单。在【数据】选项卡的【排序和筛选】命令组中，单击【筛选】按钮，使得【筛选】按钮处于不被选中的状态，即可显示不在食堂就餐的学生名单，如图 10-50 所示。

（6）将单元格 B1 改为"非食堂就餐名单"，删除 A 列和 C 列，并适当调整列宽。

图 10-49　取消勾选最后一项【#N/A】

	A	B	C
1	食堂就餐学生	学生总名单	是否在食堂就餐
2	180004	180003	#N/A
3	180012	180010	#N/A
4	180024	180019	#N/A
5	180025	180020	#N/A
6	180029	180023	#N/A
7	180036	180028	#N/A
8	180042	180033	#N/A
9	180045	180034	#N/A
10	180051	180039	#N/A

… 分析消费金额　非食堂就餐　⊕

图 10-50　显示不在食堂就餐的学生名单

10.3.2　绘制饼图分析不在食堂就餐的学生专业

分析不在食堂就餐的学生的专业，需要先查找"非食堂就餐"工作表中每个学生对应的专业名称，然后通过函数计算每个专业的学生人数，最后绘制饼图分析各专业学生人数的占比。

1. 使用函数查找学生的专业名称

INDEX 函数的数组形式可以用于返回列表或数组中的元素值，此元素由行序号和列序号的索引值给定。INDEX 函数数组格式基本使用语法如下。

```
INDEX(array,row_num,column_num)
```

INDEX 函数数组形式的参数及其解释如表 10-2 所示。

表 10-2　INDEX 函数数组形式的参数及其解释

参数	参数解释
array	必需。表示单元格区域或数组常量
row_num	必需。表示数值中某行的行序号，函数从该行返回数值
column_num	可选。表示数值中某列的列序号，函数从该列返回数值

在"非食堂就餐"工作表中，使用 INDEX 函数查找不在食堂就餐的学生的专业名称。具体操作步骤如下。

（1）打开【函数参数】对话框。在单元格 B1 中输入"专业"，选中单元格 B2，在【编辑栏】中单击 𝑓ₓ 按钮，弹出【插入函数】对话框，在【或选择类别】中选择【查找与引用】选项，在【选择函数】中选择【INDEX】选项，单击【确定】按钮后弹出图 10-51 所示的【选定参数】对话框，再单击【确定】即可弹出【函数参数】对话框。

（2）设置【函数参数】对话框。设置【Array】为"学生信息"工作表的 D 列，设置【Row_num】为"MATCH(A2,学生信息!B:B)"，如图 10-52 所示。单击【确定】按钮即可得到单元格 A2 的校园卡号对应的专业名称，如图 10-53 所示。

图 10-51 【选定参数】对话框

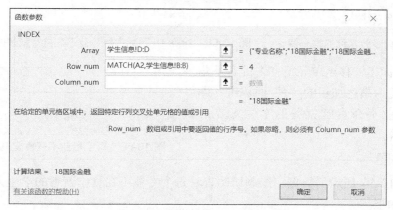

图 10-52 设置 INDEX 函数的参数

图 10-53 单元格 A2 的校园卡号对应的专业名称

（3）查找所有不在食堂就餐的学生的专业名称。将鼠标指针移至单元格 B2 的右下角，当鼠标指针变为黑色加粗的"+"时双击，即可得到所有校园卡号对应的专业名称。

2. 使用函数计算每个专业的学生人数

在"非食堂就餐"工作表中，计算每个专业的学生人数的具体操作步骤如下。

（1）提取所有专业名称的唯一值。具体操作步骤如下。

① 选中 B 列，按【Ctrl＋C】组合键进行复制。选择单元格 D1，在【开始】选项卡的【剪贴板】命令组中，依次单击【粘贴】按钮→ 📋 按钮，即只粘贴数据的值。

② 在【数据】选项卡的【数据工具】命令组中，单击【删除重复值】按钮，在弹出的【删除重复值】对话框中，单击【确定】按钮。

③ 在弹出的【Microsoft Excel】对话框中提示删除的重复值情况，单击【确定】按钮即可得到所有专业名称的唯一值，如图 10-54 所示。

（2）计算每个专业对应的学生人数。具体操作步骤如下。

① 在单元格 E1 中输入"学生人数"，在单元格 E2 中输入公式"=COUNTIF(B:B,D2)"，即可统计出单元格 D2 的值在 B 列中的个数，即 18 国际金融专业不在食堂就餐的学生人数，如图 10-55 所示。

图 10-54　所有专业名称的唯一值

图 10-55　计算 18 国际金融专业不在食堂就餐的学生人数

② 将鼠标指针移至单元格 E2 的右下角，当鼠标指针变为黑色加粗的"+"时双击，即可求出每个专业不在食堂就餐的学生人数，如图 10-56 所示。

3. 绘饼图

基于图 10-56 所示的数据，绘制饼图查看每个专业不在食堂就餐的学生人数比例。具体操作步骤如下。

（1）选择【饼图】选项。选中图 10-56 所示的数据，在【插入】选项卡的【图表】命令组中，单击 按钮，弹出【插入图表】对话框，切换至【所有图表】选项卡，选择【饼图】选项，如图 10-57 所示。单击【确定】按钮，即可绘饼图。

图 10-57　选择【饼图】选项

（2）美化饼图。具体操作步骤如下。

① 将图表标题修改为"各专业的学生人数"；单击饼图右侧的 按钮，在弹出的列表中单击【数据标签】旁的 按钮，选择【更多选项】选项，如图 10-58 所示。

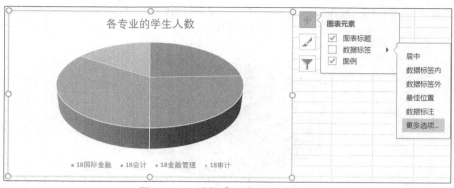

图 10-58 选择【更多选项】选项

② 在【设置数据标签格式】窗格中，勾选【标签包括】中的【百分比】复选框，选择【标签位置】的【数据标签外】单选按钮，如图 10-59 所示。

图 10-59 设置【标签选项】

③ 在【设置数据标签格式】窗格中，单击【标签选项】旁的倒三角按钮，在弹出的下拉列表中选择【系列 "学生人数"】，如图 10-60 所示。

④ 设置【第一扇区起始角度】为 "78°"，设置【饼图分离】为 "2%"，如图 10-61 所示。得到的饼图效果如图 10-62 所示。

图 10-60 选择【系列 "学生人数"】

图 10-61 设置【系列选项】

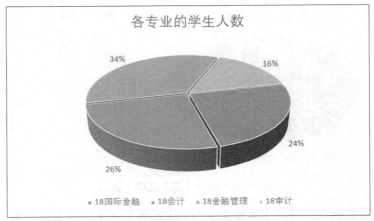

图 10-62　饼图效果

由图 10-62 可知，18 金融管理专业的学生不在食堂就餐的人数相对较多，相对较少的是 18 审计专业，其学生人数占比相差 18%。

10.4　分析贫困生名单

在"消费行为分析表-消费行为"的工作簿中新建 3 个工作表，将"就餐分析表"工作簿的"早餐就餐记录""午餐就餐记录""晚餐就餐记录"3 个工作表的 A 至 J 列复制到新建的 3 个工作表中，并将这 3 个工作表分别重命名为"早餐就餐记录""午餐就餐记录""晚餐就餐记录"。

基于本项目的数据，主要可以通过消费金额和消费次数来分析学生是否贫困，根据前面的分析，最终可以使用 4 个标准作为贫困指标，分别为早餐平均消费金额、午餐平均消费金额、晚餐平均消费金额、平均就餐次数，对这 4 个指标的排名求和得到综合排名，排名靠前的学生即认为是贫困生。

10.4.1　创建工作表

创建"分析贫困生"工作表用于计算学生的贫困指标。具体操作步骤如下。

（1）创建"分析贫困生"工作表。新建一个名为"分析贫困生"的工作表，在第 1 行的第 A 列至第 I 列中，分别输入"学生名单""早餐平均消费金额（元）""排名 1""午餐平均消费金额（元）""排名 2""晚餐平均消费金额（元）""排名 3""就餐次数""排名 4"，适当调整列宽，如图 10-63 所示。

	A	B	C	D	E	F	G	H	I
1	学生名单	早餐平均消费金额（元）	排名1	午餐平均消费金额（元）	排名2	晚餐平均消费金额（元）	排名3	就餐次数	排名4
2									
3									

图 10-63　创建"分析贫困生"工作表

在图 10-63 所示的 A 列中的学生名单指的是在食堂就餐的学生名单，因为如果经常在外吃饭，那么很难谈得上贫困。

（2）复制学生名单。将"就餐分析"工作表中单元格区域 A2:A322 的数据复制至"分析贫困生"工作表中的单元格区域 A2:A322 中。

10.4.2 使用数据透视表和函数计算每个学生早餐的平均消费金额及排名

通过数据透视表可以在"早餐就餐记录"工作表中计算每个学生早餐的平均消费金额，再使用 VLOOKUP 函数可以查找学生对应的早餐的平均消费金额，如果公式出错，那么可以通过 IFERROR 函数返回指定值。计算每个学生早餐的平均消费金额后，可以通过 RANK 函数计算排名。

1. 使用数据透视表计算每个学生早餐的平均消费金额

在"早餐就餐记录"工作表中，计算每个学生早餐的平均消费金额。具体操作步骤如下。

（1）对"校园卡号"列进行升序排列。在"早餐就餐记录"工作表中，单击 A 列任意一个单元格，在【数据】选项卡的【排序和筛选】命令组中，单击 ↓ 按钮，"校园卡号"列即可按照升序进行排列。

（2）创建数据透视表。在【插入】选项卡的【表格】命令组中，单击【数据透视表】按钮，在弹出的【创建数据透视表】对话框中，在【选择放置数据透视表的位置】中选择【现有工作表】单选按钮，并设置位置为单元格 I1，如图 10-64 所示。单击【确定】按钮。

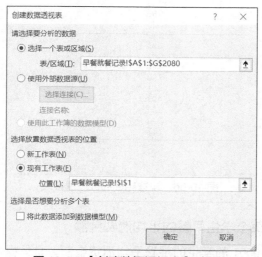

图 10-64 【创建数据透视表】对话框

（3）设置【数据透视表字段】窗格。在【数据透视表字段】窗格中，将"校园卡号"字段拖曳至【行】区域；将"一次消费的总金额（元）"字段拖曳至【值】区域。

（4）设置【值字段设置】对话框。右键单击【值】区域的【求和项:一次消费的总金额（元）】，在弹出的快捷菜单中选择【值字段设置】命令，弹出【值字段设置】对话框，将【计算类型】设置为【平均值】；单击【数字格式】按钮，弹出【设置单元格格式】对话框，选择【分类】列表框中的【数值】选项，单击【确定】按钮回到【值字段设置】对话框，如图 10-65 所示。再单击【确定】按钮，即可完成数据透视表的设置，如图 10-66 所示。

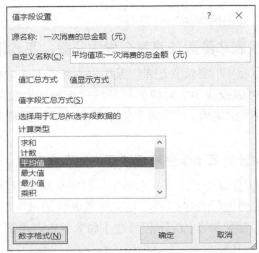

图 10-65　设置【值字段设置】对话框

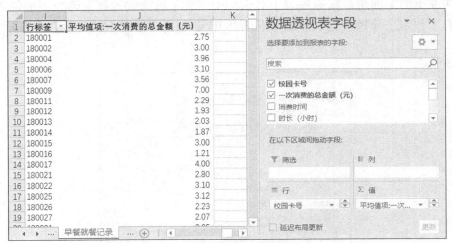

图 10-66　设置完成的数据透视表

2. 使用函数复制每个学生早餐的平均消费金额

复制校园卡号为 180001 的学生的早餐平均消费金额。具体操作步骤如下。

（1）打开【函数参数】对话框。在"分析贫困生"工作表中，选中单元格 B2，在【编辑栏】中单击 fx 按钮，弹出【插入函数】对话框，在【或选择类别】中选择【查找与引用】选项，在【选择函数】中选择【VLOOKUP】选项，单击【确定】按钮，弹出【函数参数】对话框。

（2）设置【函数参数】对话框。在弹出的【函数参数】对话框中，设置【Lookup_value】为单元格 A2，设置【Table_array】为"早餐就餐记录"工作表中的 I 列至 J 列，在【Col_index_num】中输入"2"，在【Range_lookup】中输入"0"，如图 10-67 所示。单击【确定】按钮，即可计算校园卡号为 180001 的学生的早餐平均消费金额。

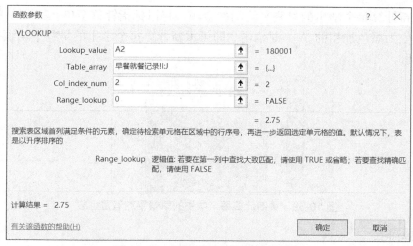

图 10-67   设置【函数参数】对话框

将鼠标指针移至单元格 B2 的右下角，当鼠标指针变为黑色加粗的"+"时双击，即可计算每个学生的早餐平均消费金额，如图 10-68 所示。

	A	B	C
1	学生名单	早餐平均消费金额（元）	排名1
2	180001	2.75	
3	180002	3.00	
4	180004	3.96	
5	180005	#N/A	
6	180006	3.10	
7	180007	3.56	
8	180008	#N/A	
9	180009	7.00	
10	180011	2.29	

图 10-68   每个学生的早餐平均消费金额

在图 10-68 所示的"早餐平均消费金额（元）"列中，出现了"#N/A"，说明该校园卡号的学生并没有在早餐时间段进行消费，其消费金额应该为 0。当公式的计算结果错误时，可以使用 IFERROR 函数返回指定的值，该函数的使用格式如下。

```
IFERROR(value, value_if_error)
```

IFERROR 函数的参数及其解释如表 10-3 所示。

表 10-3   IFERROR 函数的参数及其解释

参数	参数解释
value	必需。表示检查是否存在错误的参数
value_if_error	必需。表示公式计算结果为错误时要返回的值。常见的错误类型有#N/A、#VALUE!、#REF!、#DIV/0!、#NUM!、#NAME? 或#NULL!

因此，需要重新计算早餐平均消费金额。具体操作步骤如下。

（1）重新计算校园卡号为 180001 的学生的早餐平均消费金额。选中单元格 B2，在【编辑栏】中编辑公式为"=IFERROR(VLOOKUP(A2,早餐就餐记录!I:J,2,0),0)"，即如果公式的结果出错，那么返回为 0。

（2）重新计算每个学生的早餐平均消费金额。将鼠标指针移至单元格 B2 的右下角，当鼠标指针变为黑色加粗的"+"时双击，即可重新计算每个学生的早餐平均消费金额，如图 10-69 所示。

	A	B	C
1	学生名单	早餐平均消费金额（元）	排名1
2	180001	2.75	
3	180002	3.00	
4	180004	3.96	
5	180005	0.00	
6	180006	3.10	
7	180007	3.56	
8	180008	0.00	
9	180009	7.00	
10	180011	2.29	

图 10-69　重新计算每个学生的早餐平均消费金额

3. 计算排名

RANK 函数可以算出单元格的数值在指定范围中处于第几个位置，该函数的使用格式如下。

```
RANK(number, ref, order)
```

RANK 函数的参数及其解释如表 10-4 所示。

表 10-4　RANK 函数的参数及其解释

参数	参数解释
number	必需。需要找到排位的数字
ref	必需。表示数字列表数组或对数字列表的引用，其中非数值型参数将被忽略
order	可选。该参数为一个数字，指定排位方式。若该参数为 0 或省略，则按照降序进行排列；若参数不为 0，则按照升序进行排列

基于 B 列的数据，使用 RANK 函数对"早餐平均消费金额（元）"列按照升序进行排名。具体操作步骤如下。

（1）求校园卡号为 180001 的学生的早餐平均消费金额排名。在单元格 C2 中输入"=RANK(B2,B:B,1)"，按【Enter】键即可求校园卡号为 180001 的学生的早餐平均消费金额在所有学生中的排名。

（2）求每个学生的早餐平均消费金额的排名。将鼠标指针移至单元格 C2 的右下角，当鼠标指针变为黑色加粗的"+"时双击，即可得到每个学生的早餐平均消费金额按照降列排序的排名，如图 10-70 所示。

	A	B	C	D
1	学生名单	早餐平均消费金额（元）	排名1	午餐平均消费金额（元）
2	180001	2.75	230	
3	180002	3.00	255	
4	180004	3.96	303	
5	180005	0.00	1	
6	180006	3.10	263	
7	180007	3.56	292	
8	180008	0.00	1	
9	180009	7.00	321	
10	180011	2.29	170	

图 10-70　每个学生的早餐平均消费金额排名

10.4.3   使用函数计算每个学生午餐的平均消费金额及排名

除了使用 10.4.2 小节的方法外，还可以使用 SUMIF 函数和 COUNTIF 函数直接计算每个学生的午餐平均消费金额。其中 COUNTIF 函数在项目 5 中已经介绍，而 SUMIF 函数是条件求和函数，可以根据给定的条件对指定单元格的数值求和。

SUMIF 函数的使用格式如下。

```
SUMIF(range,criteria, [sum_range])
```

SUMIF 函数的参数及其解释如表 10-5 所示。

表 10-5   SUMIF 函数的参数及其解释

参数	参数解释
range	必需。表示根据条件进行计算的单元格区域，即设置条件的单元格区域。区域内的单元格必须是数字、名称、数组或包含数字的引用，空值和文本值将会被忽略
criteria	必需。表示求和的条件。其形式可以是数字、表达式、单元格引用、文本或函数。指定的条件（引用单元格和数字除外）必须用双引号引起来
sum_ range	可选。表示实际求和的单元格区域。如果省略此参数，那么 Excel 会把 range 参数中指定的单元格区域设为实际求和区域

在 criteria 参数中还可以使用通配符（星号 "*"、问号 "?" 和波浪线 "~"），通配符的解释如表 10-6 所示。

表 10-6   通配符的解释

通配符	作用	示例	示例说明
星号 "*"	匹配任意一串字节	李*或*星级	任意以 "李" 开头的文本或任意以 "星级" 结尾的文本
问号 "?"	匹配任意单个字符	李? ? 或? 星级	"李" 后面一定是两个字符的文本或 "星级" 前面一定是一个字符的文本
浪线 "~"	指定不将*和?视为通配符看待	李~*	*就是代表字符，不再有通配符的作用

使用 SUMIF 函数可以求出某个学生的总消费金额，使用 COUNTIF 函数可以求出某个学生的总消费次数，则某个学生的平均消费金额 = 该学生的总消费金额 ÷ 该学生的总消费次数。

使用 SUMIF 函数、COUNTIF 函数，计算校园卡号为 180001 的学生的午餐平均消费金额。具体操作步骤如下。

（1）使用 SUMIF 函数计算校园卡号为 180001 的学生的午餐的总消费金额。具体操作步骤如下。

① 选中单元格 D2，先输入 "=SUMIF("，如图 10-71 所示。提示输入 SUMIF 函数的第 1 个参数，此时打开 "午餐就餐记录" 工作表并选中 A 列，如图 10-72 所示。

② 在公式中继续输入 ","，再回到 "分析贫困生" 工作表，选择单元格 A2，如图 10-73 所示。

图 10-71　输入 "=SUMIF("

图 10-72　输入 SUMIF 函数的第 1 个参数

图 10-73　输入 SUMIF 函数的第 2 个参数

③ 在公式的最后输入 ","，打开 "午餐就餐记录" 工作表并选中 B 列，如图 10-74 所示。此时 SUMIF 函数的参数已经设置完毕，在公式的最后输入 ")"。

图 10-74　输入 SUMIF 函数的第 3 个参数

（2）使用 COUNTIF 函数计算校园卡号为 180001 的学生的午餐的总消费次数。具体操作步骤如下。

① 在图 10-74 所示的公式的最后输入 "/COUNTIF(", 选中 "午餐就餐记录" 工作表的 A 列, 如图 10-75 所示。

	A	B	C	D	E	F	G	H
A1				=SUMIF(午餐就餐记录!A:A,分析贫困生!A2,午餐就餐记录!B:B)/COUNTIF(午餐就餐记录!A:A				COUNTIF(**range**, criteria)
1	校园卡号	一次消费的总金额(元)	消费时间	时长(小时)	星期	消费地点	就餐时间段	
2	180391	6	2019/4/2 11:56	11	3	第五食堂	午餐	
3	180391	6	2019/4/4 12:01	12	5	第五食堂	午餐	
4	180391	6	2019/4/8 12:00	12	2	第五食堂	午餐	
5	180391	6	2019/4/9 12:07	12	3	第五食堂	午餐	
6	180391	6	2019/4/10 12:02	12	4	第五食堂	午餐	
7	180391	6	2019/4/11 11:58	11	5	第五食堂	午餐	
8	180391	6	2019/4/15 11:03	11	2	第五食堂	午餐	
9	180391	6	2019/4/16 12:30	12	3	第五食堂	午餐	
10	180391	6	2019/4/17 11:41	11	4	第五食堂	午餐	

午餐就餐记录　晚餐就餐记录　分析贫困生

图 10-75　输入 COUNTIF 函数的第 1 个参数

② 在公式的最后输入 ",", 再回到 "分析贫困生" 工作表, 选择单元格 A2, 此时 COUNTIF 函数的参数已经设置完毕, 在公式的最后输入 ")", 如图 10-76 所示。

	A	B	C	D	E	F	G	H	I
A2				=SUMIF(午餐就餐记录!A:A,分析贫困生!A2,午餐就餐记录!B:B)/COUNTIF(午餐就餐记录!A:A,分析贫困生!A2)					
1	学生名单	早餐平均消费金额(元)	排名1	午餐平均消费金额(元)	排名2	晚餐平均消费金额(元)	排名3	就餐次数	排名4
2	180001	2.75	230	!A:A,分析贫困生!A2)					
3	180002	3.00	255						
4	180004	3.96	303						
5	180005	0.00	1						
6	180006	3.10	263						
7	180007	3.56	292						
8	180008	0.00	1						
9	180009	7.00	321						
10	180011	2.29	170						

午餐就餐记录　晚餐就餐记录　分析贫困生

图 10-76　输入 COUNTIF 函数的第 2 个参数

在计算早餐平均消费金额时, 存在部分学生不吃早餐的情况, 同样午餐也可能存在相同情况, 为了避免公式的计算结果出错, 需要使用 IFERROR 函数指定返回值。

③ 选中已经输入的公式, 按【Ctrl + X】组合键进行剪切, 输入 "=IFERROR(" 后, 按【Ctrl + V】组合键进行粘贴, 再输入 ",0)", 如图 10-77 所示。

	A	B	C	D	E	F	G	H	I	J	K	L
RANK.EQ				=IFERROR(SUMIF(午餐就餐记录!A:A,分析贫困生!A2,午餐就餐记录!B:B)/COUNTIF(午餐就餐记录!A:A,分析贫困生!A2),0)								
1	学生名单	早餐平均消费金额(元)	排名1	午餐平均消费金额(元)	排名2	晚餐平均消费金额(元)	排名3	就餐次数	排名4			
2	180001	2.75	230	=IFERROR(SUMIF(午餐就餐记录!A:A,分析贫困生!A2,午餐就餐记录!B:B)/COUNTIF(午餐就餐记录!A:A,分析贫困生!A2),0)								
3	180002	3.00	255									

图 10-77　使用 IFERROR 函数

④ 按【Enter】键即可求校园卡号为 180001 的学生的午餐的平均消费金额, 如图 10-78 所示。

（3）设置 D 列的格式。由图 10-78 可知, 求出的数值的小数位数太多, 所以需要设置 D 列的格式。选中 D 列, 在【开始】选项卡的【数字】命令组中, 单击 · 按钮, 在弹出的下拉列表中选择【数字】选项。

图 10-78　校园卡号为 180001 的学生的午餐的平均消费金额

将鼠标指针移至单元格 D2 的右下角，当鼠标指针变为黑色加粗的"+"时双击，即可得到每个学生的午餐平均消费金额，如图 10-79 所示。

图 10-79　每个学生的午餐平均消费金额

按照 10.4.2 小节使用 RANK 函数计算排名的方法，求每个学生的午餐平均消费金额按照降序排列的排名，如图 10-80 所示。

图 10-80　每个学生的午餐平均消费金额排名

10.4.4　复制公式计算每个学生晚餐的平均消费金额及排名

在 10.4.3 小节中，午餐平均消费金额及其排名都是通过公式计算得到的，那么通过复制其公式的方式，也可以很快地计算晚餐平均消费金额及其排名。具体操作步骤如下。

（1）复制单元格 D2 的公式。选中单元格 D2，按【Ctrl + C】组合键进行复制，选中单元格 F2，按【Ctrl + V】组合键进行粘贴，如图 10-81 所示。

图 10-81　复制单元格 D2 的公式

（2）修改单元格 F2 的公式。由于单元格 D2 的公式是相对引用，因此复制后，会引用其他列，所以需要将涉及"晚餐就餐记录"工作表的相关参数设为 A 列或 B 列，将"分析贫困生"工作表的相关参数设为单元格 A1，如图 10-82 所示。

	F2		▾	:	×	✓	f_x	=IFERROR(SUMIF(晚餐就餐记录!A:A,分析贫困生!A2,晚餐就餐记录!B:B)/COUNTIF(晚餐就餐记录!A:A,分析贫困生!A2),0)			
	A	B	C	D	E	F	G	H	I	J	K
1	学生名单	早餐平均消费金额（元）	排名1	午餐平均消费金额（元）	排名2	晚餐平均消费金额（元）	排名3	就餐次数	排名4		
2	180001	2.75	230	7.29	216	=IFERROR(SUMIF(晚餐就餐记录!A:A,分析贫困生!A2,晚餐就餐记录!B:B)/COUNTIF(					
3	180002	3.00	255	3.53	18	晚餐就餐记录!A:A,分析贫困生!A2),0)					
4	180004	3.96	303	8.23	265						

图 10-82　修改单元格 F2 的公式

（3）求每个学生的晚餐平均消费金额。按【Enter】键即可求校园卡号为 180001 的学生晚餐的平均消费金额；将鼠标指针移至单元格 F2 的右下角，当鼠标指针变为黑色加粗的"+"时双击，即可得到每个学生的晚餐平均消费金额，如图 10-83 所示。

	A	B	C	D	E	F	G
1	学生名单	早餐平均消费金额（元）	排名1	午餐平均消费金额（元）	排名2	晚餐平均消费金额（元）	排名3
2	180001	2.75	230	7.29	216	7.17	
3	180002	3.00	255	3.53	18	5.35	
4	180004	3.96	303	8.23	265	10.24	
5	180005	0.00	1	9.41	301	7.08	
6	180006	3.10	263	10.75	315	12.10	
7	180007	3.56	292	9.26	295	10.08	
8	180008	0.00	1	8.37	272	7.66	
9	180009	7.00	321	8.86	288	8.71	
10	180011	2.29	170	5.57	101	7.02	

图 10-83　每个学生的晚餐平均消费金额

（4）求晚餐平均消费金额的排名。复制单元格 E2，在单元格 G2 粘贴，由于单元格 E2 的公式是相对引用，因此复制后可直接求出校园卡号为 180001 的学生晚餐平均消费金额的排名；将鼠标指针移至单元格 G2 的右下角，当鼠标指针变为黑色加粗的"+"时双击，得到每个学生晚餐平均消费金额按升序排列的排名，如图 10-84 所示。

	A	B	C	D	E	F	G
1	学生名单	早餐平均消费金额（元）	排名1	午餐平均消费金额（元）	排名2	晚餐平均消费金额（元）	排名3
2	180001	2.75	230	7.29	216	7.17	223
3	180002	3.00	255	3.53	18	5.35	106
4	180004	3.96	303	8.23	265	10.24	303
5	180005	0.00	1	9.41	301	7.08	219
6	180006	3.10	263	10.75	315	12.10	316
7	180007	3.56	292	9.26	295	10.08	302
8	180008	0.00	1	8.37	272	7.66	242
9	180009	7.00	321	8.86	288	8.71	281
10	180011	2.29	170	5.57	101	7.02	216

图 10-84　每个学生的晚餐平均消费金额排名

10.4.5　复制公式计算每个学生就餐次数的排名

在"就餐分析"工作表中，已经获得了每个学生的就餐次数，且是按校园卡号升序进行排列，可直接复制至"分析贫困生"工作表的单元格区域 H2:H322 中。具体操作步骤为：在"就餐分析"工作表中，选择单元格区域 C2:C322，按【Ctrl + C】组合键进行复制，在"分析贫困生"工作表选择单元格 H2，在【开始】选项卡的【剪贴板】命令组中，依次单击【粘贴】按钮→ 按钮，即只粘贴数据的值。

Excel 数据分析实务

如果是贫困生，那么一般就餐基本都是在食堂，所以就餐次数越多，排名应该越靠前，即对就餐次数的排名应按降序进行排列。具体操作步骤如下。

（1）复制单元格 G2 的公式。选择单元格 G2，按【Ctrl + C】组合键进行复制，选择单元格 I2，按【Ctrl + V】组合键进行粘贴，如图 10-85 所示。

图 10-85　复制单元格 G2 的公式

（2）修改单元格 I2 的公式。将 RANK 函数的第 3 个参数改为 "0"，如图 10-86 所示。

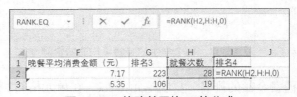

图 10-86　修改单元格 I2 的公式

（3）求所有就餐次数的排名。按【Enter】键，然后将鼠标指针移至单元格 I2 的右下角，当鼠标指针变为黑色加粗的 "+" 时双击，即可得到所有就餐次数的排名，如图 10-87 所示。

图 10-87　每个学生的月就餐次数排名

10.4.6　求综合排名并排序

在 "分析贫困生" 工作表中，对每个学生的早餐平均消费排名、午餐平均消费排名、晚餐平均消费排名、月就餐次数排名进行求和，即得到综合排名。具体操作步骤如下。

（1）校园卡号为 "180001" 学生的综合排名。在单元格 J1 中输入 "综合排名"，选择单元格 J2，输入 "=C2 + E2 + G2 + I2"，按【Enter】键，即可得到校园卡号为 "180001"

学生的综合排名。

（2）求每个学生的综合排名。将鼠标指针移至单元格 J2 的右下角，当鼠标指针变为黑色加粗的“+”时双击，即可得到每个学生的综合排名，如图 10-88 所示。

	A	B	C	D	E	F	G	H	I	J
1	学生名单	早餐平均消费金额（元）	排名1	午餐平均消费金额（元）	排名2	晚餐平均消费金额（元）	排名3	就餐次数	排名4	综合排名
2	180001	2.75	230	7.29	216	7.17	223	28	213	882
3	180002	3.00	255	3.53	18	5.35	106	19	265	644
4	180004	3.96	303	8.23	265	10.24	303	57	31	902
5	180005	0.00	1	9.41	301	7.08	219	19	265	786
6	180006	3.10	263	10.75	315	12.10	316	6	312	1206
7	180007	3.56	292	9.26	295	10.08	302	60	17	906
8	180008	0.00	1	8.37	272	7.66	242	34	169	684
9	180009	7.00	321	8.86	288	8.71	281	30	201	1091
10	180011	2.29	170	5.57	101	7.02	216	57	31	518

… 分析消费金额 | 非食堂就餐 | 早餐就餐记录 | 午餐就餐记录 | 晚餐就餐记录 | 分析贫困生

图 10-88 每个学生的综合排名

综合排名的值越小，表示该学生每顿饭的消费金额很低，并且就餐次数很多，这说明学生经常在食堂吃饭，但因为经济原因，所以消费金额比较低，由此推断这些学生为需要寻找的贫困生。因此，需要筛选出排名靠前的学生名单。具体操作步骤如下。

（1）复制“学生名单”列和“综合排名”列。由于排名都是使用公式计算得到的，为了避免后期操作引起错误，需要重新复制“学生名单”列和“综合排名”列。选中 A 列和 J 列，按【Ctrl + C】组合键进行复制，选择单元格 L1，在【开始】选项卡的【剪贴板】命令组中，依次单击【粘贴】按钮→ 按钮，即只粘贴数据的值，如图 10-89 所示。

	A	B	C	D	E	F	G	H	I	J	K	L	M
1	学生名单	早餐平均消费金额（元）	排名1	午餐平均消费金额（元）	排名2	晚餐平均消费金额（元）	排名3	就餐次数	排名4	综合排名		学生名单	综合排名
2	180001	2.75	230	7.29	216	7.17	223	28	213	882		180001	882
3	180002	3.00	255	3.53	18	5.35	106	19	265	644		180002	644
4	180004	3.96	303	8.23	265	10.24	303	57	31	902		180004	902
5	180005	0.00	1	9.41	301	7.08	219	19	265	786		180005	786
6	180006	3.10	263	10.75	315	12.10	316	6	312	1206		180006	1206
7	180007	3.56	292	9.26	295	10.08	302	60	17	906		180007	906
8	180008	0.00	1	8.37	272	7.66	242	34	169	684		180008	684
9	180009	7.00	321	8.86	288	8.71	281	30	201	1091		180009	1091
10	180011	2.29	170	5.57	101	7.02	216	57	31	518		180011	518

… 分析消费金额 | 非食堂就餐 | 早餐就餐记录 | 午餐就餐记录 | 晚餐就餐记录 | 分析贫困生

图 10-89 复制“学生名单”列和“综合排名”列

（2）对 M 列进行升序排列。选择 M 列的任意一个单元格，在【数据】选项卡的【排序和筛选】命令组中，单击 按钮，“综合排名”列即可按照升序进行排列，如图 10-90 所示。保存工作簿。

	J	K	L	M
1	综合排名		学生名单	综合排名
2	882		180382	131
3	644		180360	136
4	902		180167	154
5	786		180367	160
6	1206		180192	163
7	906		180111	173
8	684		180136	183
9	1091		180339	191
10	518		180061	194

图 10-90 对 M 列进行升序排列

在图 10-90 所示的排名中，靠前的学生即被认为是贫困生，该高校可以指定贫困生人数，对这些学生进行精准帮扶。

Excel 数据分析实务

项目总结

本项目主要分析学生的消费行为，通过分类汇总、绘制堆积柱形图的方法，分析各专业不同性别的学生平均消费金额；通过 COUNTIF 函数、绘制组合图的方法，分析各专业不同性别的学生就餐次数；通过 MATCH 函数、INDEX 函数、COUNTIF 函数、绘制饼图的方法，分析不在食堂就餐的学生专业；通过数据透视表、VLOOKUP 函数、IFERROR 函数、RANK 函数、SUMIF 函数、排序等方法，得到贫困生名单，并进行分析。

技能拓展

当数据的维度较多时，使用切片器可以更加方便地查看筛选的数据。切片器与数据透视图结合使用，能实现图表的动态分析效果。

在"就餐分析"工作表中，使用专业和性别作为筛选条件设置切片器，并在数据透视表和数据透视图中查看关键信息。具体操作步骤如下。

（1）打开【插入切片器】对话框。选择数据透视图或数据透视表，在【分析】选项卡的【筛选】命令组中，单击【插入切片器】按钮，如图 10-91 所示。

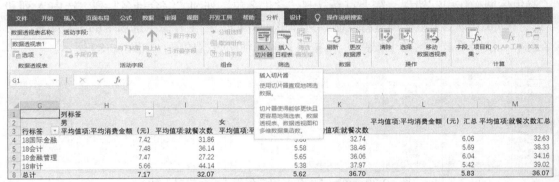

图 10-91　单击【插入切片器】按钮

（2）插入切片器。在弹出的【插入切片器】对话框中，勾选【专业】和【性别】复选框，如图 10-92 所示。单击【确定】按钮，即可得到【专业】和【性别】切片器，如图 10-93 所示。

图 10-92　【插入切片器】对话框

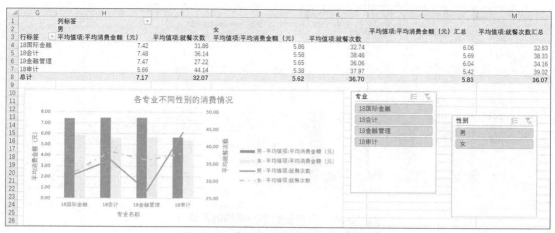

图 10-93 【专业】和【性别】切片器

（3）设置切片器格式。选中【专业】和【性别】切片器，在【选项】选项卡的【排列】命令组中，单击【对齐】按钮，在弹出的下拉表中选择【顶端对齐】选项，如图 10-94 所示。再单击【组合】按钮，使得这 2 个切片器组合成一个整体。

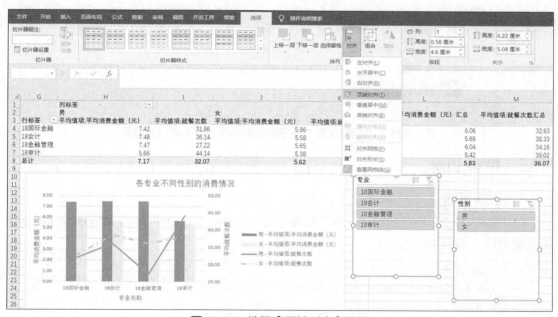

图 10-94 选择【顶端对齐】选项

（4）分析各专业男生的平均消费情况。单击【性别】切片器中的【男】，即可得到各专业男生的平均消费金额和平均就餐次数的数据透视表和数据透视图，如图 10-95 所示。

（5）分析 18 国际金融这个专业不同性别的学生的平均消费情况。单击【专业】切片器中的【18 国际金融】，并且单击【性别】切片器右上方的 ▼ 按钮，即可取消性别的筛选，此时得到 18 国际金融专业不同性别的学生的平均消费情况，如图 10-96 所示。

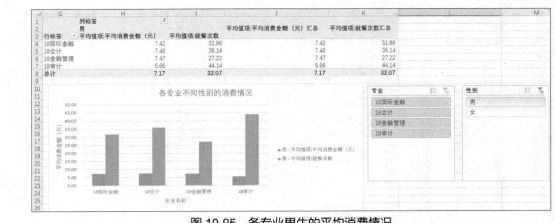

图 10-95　各专业男生的平均消费情况

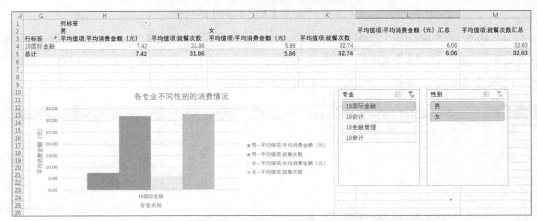

图 10-96　18 国际金融专业不同性别的学生的平均消费情况

技能训练

1. 训练目的

（1）基于 10.2.2 小节的结果，在"就餐分析"工作表中，分析 18 金融管理专业的学生的就餐情况，如图 10-97 所示。

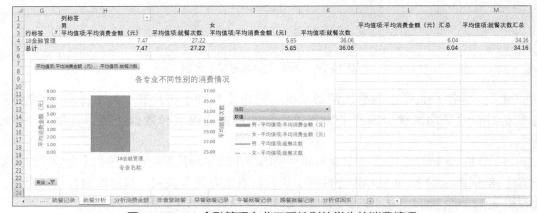

图 10-97　18 金融管理专业不同性别的学生的消费情况

（2）基于 10.4.6 小节的结果，分析 18 金融管理专业的贫困生名单，如图 10-98 所示。

1	学生名单 ▾	专业 ▾	综合排名 ▾
9	180339	18金融管理	191
17	180316	18金融管理	233
29	180286	18金融管理	303
30	180258	18金融管理	310
31	180331	18金融管理	320
33	180326	18金融管理	322
35	180274	18金融管理	333
37	180257	18金融管理	343
41	180213	18金融管理	358

… 　晚餐就餐记录　 分析贫困生 　 ⊕

图 10-98　18 金融管理专业的贫困生名单

2. 训练要求

（1）针对数据透视图，取消隐藏字段按钮。

（2）在数据透视图中，单击【专业】按钮，筛选 18 金融管理专业进行分析。

（3）在"分析贫困生"工作表中，新增"专业"列，使用 VLOOKUP 函数或 INDEX 与 MATCH 函数查找每个学生的专业。

（4）使用【筛选】功能，筛选 18 金融管理专业的数据。

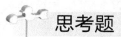

思考题

张桂梅同志在面临老公患病去世、只身一人远在他乡、自己身患多种疾病的情况下，她坚守教育报国初心，牢记立德树人使命，扎根贫困地区 40 多年，立志用教育扶贫斩断贫困代际传递。她通过 11 万公里的家访路，把自己全部奖金和工资捐出，全身心投入到全国第一所全免费女子高级中学——华坪女子高中，使得华坪女子高中连续 10 年高考综合上线率达 100%，大量的名贫困女孩从大山走进大学。她在教书育人岗位上为贫困地区教育事业作出了重要贡献，在她身上充分体现了人民教师潜心育人的敬业精神和立德树人的使命担当，以及一名共产党员初心如磐的精神品质和至诚至深的家国情怀。

【思考题】假如您是一名大学的辅导员，您该如何培养学生艰苦奋斗的精神，为社会主义建设事业作出贡献。

项目 ⑪ 撰写分析报告

教学目标

1. 技能目标

能撰写分析报告文档。

2. 知识目标

了解数据分析报告的结构。

3. 素养目标

（1）引导学生不要铺张浪费，树立良好的价值观。

（2）引导学生乐于助人，树立正确的理想信念。

项目背景

为坚持机械化信息化智能化融合发展，某学校正在不断推进和重点部署建设教育信息化相关工作。校园一卡通系统作为数字化校园建设的重要组成部分，对教学管理和决策支持发挥着重要作用。近些年，校园一卡通应用功能不断拓展，系统每天产生大量数据，这些数据在一定程度上能够反映学生在校园内的数字轨迹，充分利用这些数据并进行挖掘和分析，并撰写一份学生校园消费分析报告，从而为学校管理与决策提供有力的依据。

项目目标

撰写数据分析报告。

项目分析

（1）分析食堂就餐行为。

（2）分析学生消费行为。

（3）分析贫困生名单。

（4）对项目进行总结，并提出相关建议。

思维导图

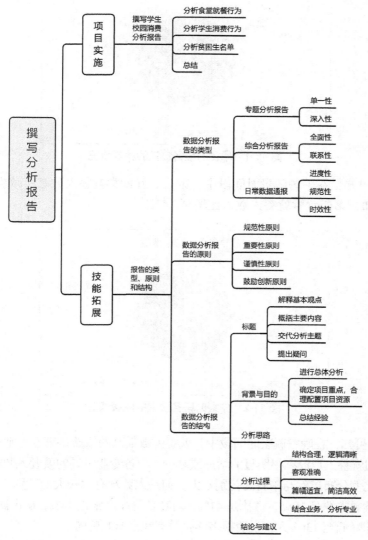

项目实施

11.1 撰写学生校园消费分析报告

学生校园消费分析报告包含报告标题、背景与目的、分析思路、分析食堂就餐行为、分析学生消费行为、分析贫困生名单、结论与建议 7 个部分，其中报告的标题为"学生校园消费分析"，背景与目的与分析思路在项目 1 已经详细介绍。

11.1.1 分析食堂就餐行为

由图 11-1 可知，在本校园的早餐就餐时间段中，学生更偏向于在第五食堂和第二食堂进行用餐，没有在第四食堂进行用餐。出现这种情况的原因可能是因为食堂本身的经营问题。

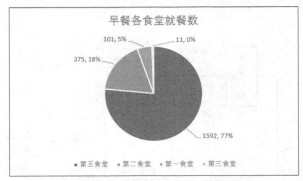

图 11-1　早餐时段各食堂的就餐情况

由图 11-2 可知，在午餐就餐时间段中，第二、五食堂就餐人数有所减少，其他食堂就餐人数有所增加，第四食堂就餐人数占比增至 14%。

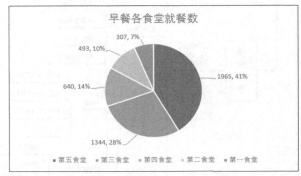

图 11-2　午餐时段各食堂的就餐情况

由图 11-3 可知，在晚餐就餐时间段中，就餐人数最高的依然是第五食堂，相对午餐时间段，每个食堂的就餐人数没有很明显的增加或减少。与各专业午餐的就餐人数相比，各专业晚餐就餐人数的比例分布虽然与午餐的差别不大，但是人数却有比较大的区别。例如第五食堂，在午餐阶段的就餐人数是 1965，占比是 41%，而晚餐阶段占比是 44%，从占比看是有所增加，但是就餐人数却降低至 1367 人，说明很多学生没有在食堂吃晚餐。

图 11-3　晚餐时段各食堂的就餐情况

　　由图 11-4 可知，在工作日期间，早餐阶段的 7 点和午餐阶段的 11 点的学生就餐次数达到峰值，而晚餐阶段的峰值不明显，就餐人数主要集中在 17 点～18 点，峰值远不及午餐阶段，可以推断部分学生晚餐阶段没有在食堂就餐。

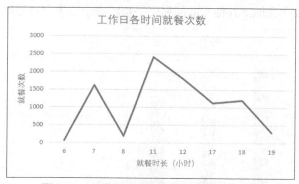

图 11-4　工作日各时间的就餐次数折线图

　　由图 11-5 可知，午餐阶段的峰值明显高于早餐阶段和晚餐阶段，与工作日期间相比，非工作日的每个时间段就餐人数远低于工作日的每个时间段就餐人数，说明周末很多学生在学校外面就餐。

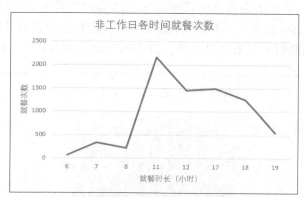

图 11-5　非工作日各时间的就餐次数折线图

　　由图 11-6 可知，最受欢迎的消费价格区间是 0.4 元～5.4 元，其次是 5.4 元～10.4 元，但是在这两个区间中，总的消费金额却是 5.4 元～10.4 元区间的较多。

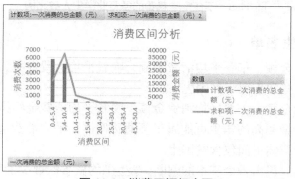

图 11-6　消费区间组合图

11.1.2　分析学生消费行为

由图 11-7 可知，在 18 国际金融、18 会计、18 金融管理专业中，男生的平均消费金额比较明显地比女生的高，但是平均就餐次数却比女生的少；在 18 审计专业中，男生的就餐金额与女生的差不多，但是比较明显地比其他专业的男生平均消费金额少，且男生就餐次数比女生的多。

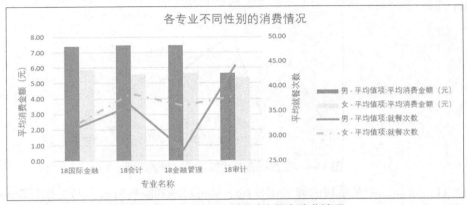

图 11-7　各专业不同性别的学生消费情况

由图 11-8 可知，对于不在食堂就餐的学生，18 金融管理专业的学生占比较多，18 审计专业的学生占比较少。虽然 18 审计专业的学生平均消费金额没有其他专业的高，但是该专业的学生不在食堂的就餐人数是最少的，说明该专业的贫困学生人数较多。

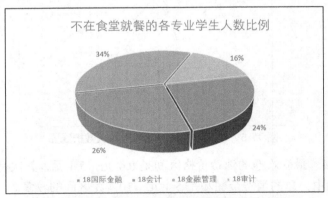

图 11-8　不在食堂就餐的各专业学生人数比例

11.1.3　分析贫困生名单

以早餐平均消费金额、午餐平均消费金额、晚餐平均消费金额、平均就餐次数作为贫困指标，从而判断哪些学生属于贫困生。

从早餐平均消费金额、午餐平均消费金额、晚餐平均消费金额指标中可以得出一个基本的判断，平均消费金额高的学生可能属于高消费群体，平均消费金额低的学生可能属于低消费群体，低消费群体里面包含贫困生。

从就餐次数也可以得出一个基本的判断，学生平均就餐次数少的可能属于高消费群体，高消费群体有除食堂外的其他购买食品渠道；学生平均就餐次数多的可能属于低消费群体，意味着只能在食堂解决温饱问题，所以贫困生可以从这个低消费群体里筛选。

由图 11-9 可知，M 列的综合排名越靠前，说明学生的消费能力越弱，贫困程度越高；M 列的综合排名越靠后，说明学生的消费能力越强，经济条件越好，贫困程度则越低。

	B	C	D	E	F	G	H	I	J	K	L	M
1	早餐平均消费金额（元）	排名1	午餐平均消费金额（元）	排名2	晚餐平均消费金额（元）	排名3	就餐次数	排名4	综合排名		学生名单	综合排名
2	2.75	230	7.29	216	7.17	223	28	213	882		180382	131
3	3.00	255	3.53	18	5.35	106	19	265	644		180360	136
4	3.96	303	8.23	265	10.24	303	57	31	902		180167	154
5	0.00	1	9.41	301	7.08	219	19	265	786		180367	160
6	3.10	263	10.75	315	12.10	316	6	312	1206		180192	163
7	3.56	292	9.26	295	10.08	302	60	17	906		180111	173
8	0.00	1	8.37	272	7.66	242	34	169	684		180136	183
9	7.00	321	8.86	288	8.71	281	30	201	1091		180339	191
10	2.29	170	5.57	101	7.02	216	57	31	518		180061	194

… 非食堂就餐　早餐就餐记录　午餐就餐记录　晚餐就餐记录　分析贫困生

图 11-9　贫困生名单

11.1.4　总结

通过对食堂就餐行为、学生消费行为、贫困生名单的分析，为学校管理与决策提供以下几点建议。

（1）第四食堂在早餐阶段没有消费记录，但是在午餐阶段消费人数占 14%，说明还是有一部分学生在第四食堂就餐的，可以适当在第四食堂开设早餐，更好地吸引学生就餐，从而提高学生的就餐选择性。

（2）在晚餐阶段，所有食堂都应该提升服务质量，提高服务水平，进一步吸引学生到各食堂就餐，减少学生外出就餐等情况，从而提高学生的饮食安全性。

（3）食堂在新增菜品的时候，可以多考虑 0.4 元～10.4 元的价格。对于价格较高的菜品，适当考虑取消，避免学生不消费而造成粮食浪费的情况。

（4）食堂可以预先拟定中午的菜单计划并予以公布，供学生安排自己的就餐地点和时间，避免人流量过大造成不必要的拥挤。

（5）开放食堂夜宵阶段，方便在工作日忙碌而无暇顾及吃饭的学生，可以在晚上学习后到食堂补充能量；也方便学生在非工作日到各食堂吃夜宵，提高营业收入。

（6）如果现在学校给出 10 个贫困生资助名额，那么综合排名前 10 名的学生，将是可以参考作为本次要资助的贫困生。

项目总结

本项目主要是基于项目 9、10 的分析结果，整理成分析报告。先结合业务，分别对食堂就餐行为、学生消费行为、贫困生名单进行分析，再基于分析的内容，对该高校提出一些建议。

技能拓展

报告的类型有很多种，11.1 小节的报告只是其中一种，深入了解报告的类型、原则和结构，有助于更好地对分析结果进行报告。

1. 了解数据分析报告的类型

数据分析报告因对象、内容、时间和方法等不同而存在不同。常见的数据分析报告有

Excel 数据分析实务

专题分析报告、综合分析报告和日常数据通报等。

（1）专题分析报告

专题分析报告是对社会经济现象的某一方面或某一问题进行专门研究的一种数据分析报告，它的主要作用是为决策者制定策略、为解决问题提供决策参考和依据。专题分析报告主要有以下两个特点。

① 单一性。专题分析不要求反映事物全貌，主要针对某一方面或某一问题进行分析，如用户流失分析、提升用户转化率分析等。

② 深入性。由于内容单一，重点突出，因此要集中精力解决主要的问题，包括对问题的具体描述、原因分析和提出可行的解决方案。

（2）综合分析报告

综合分析报告是全面评价一个地区、单位、部门业务或其他方面发展情况的一种数据分析报告，如世界人口发展报告、某企业运营分析报告等。综合分析报告主要有以下两个特点。

① 全面性。综合分析反映的对象，以地区、部门或单位为分析总体，站在全局高度反映总体特征，做出总体评价。例如在分析一个公司的整体运营时，可以从产品、价格、渠道和促销这 4 个角度进行分析。

② 联系性。综合分析报告要对互相关联的现象与问题进行综合分析，在系统地分析指标体系的基础上，考察现象之间的内部联系和外部联系。这种联系的重点是比例和平衡关系、分析比例是否合理、发展是否协调。

（3）日常数据通报

日常数据通报是分析定期数据，反映计划执行情况，并分析其影响因素的一种分析报告。它一般是按日、周、月、季等时间阶段定期进行的，因此也叫定期分析报告。日常数据通报主要有以下 3 个特点。

① 进度性。由于日常数据通报主要反映计划的执行情况，因此必须将执行情况和时间进展结合分析，比较两者是否一致，从而判断计划完成的好坏。

② 规范性。日常数据通报是定时向决策者提供的例行报告，所以形成了比较规范的结构形式，它一般包括计划执行的基本情况，计划执行中的成绩和经验，存在的问题和措施与建议等基本部分。

③ 时效性。日常数据通报的性质和任务决定了它是时效性较强的一种分析报告。只有及时提供业务发展过程中的各种信息，才能帮助决策者掌握最新动态，否则将延误工作。

2. 了解数据分析报告的原则

（1）规范性原则。数据分析报告中所使用的名词、术语一定要规范，标准统一，前后一致。

（2）重要性原则。数据分析报告一定要体现项目分析的重点，在项目各项数据分析中，应该重点选取真实性、合法性指标，构建相关模型，科学专业地进行分析，并且反映在分析结果中对同一类问题的描述，也要按照问题的重要性来排列。

（3）谨慎性原则。数据分析报告的编制过程一定要谨慎，体现在基础数据真实、完整，分析过程科学、合理、全面，分析结果可靠，建议内容实事求是。

（4）鼓励创新原则。社会是不断发展进步的，不断有创新的方法或模型从实践中摸索并总结出来，数据分析报告要将这些创新的思维与方法记录并运用。

3. 了解数据分析报告的结构

数据分析报告会有一定的结构，但是这种结构会根据公司业务、需求的变化而产生一定的变化。通常结构由以下 5 个部分组成，其中，背景与目的、分析思路、分析过程、结论与建议构成数据分析报告的正文。

（1）标题

标题需高度概括该分析报告的主旨，要求精简干练，点明该分析报告的主题或观点。好的标题不仅可以表现数据分析报告的主题，而且能够引起读者的阅读兴趣。几种常用的标题类型如下。

① 解释基本观点。这类标题往往用观点句来表示，点明数据分析报告的基本观点，如《直播业务是公司发展的重要支柱》。

② 概括主要内容。这类标题用数据"说话"，让读者捉住中心，如《本公司销售额比去年增长 35%》。

③ 交代分析主题。这类标题反映分析的对象、范围、时间和内容等情况，并不点明分析师的看法和主张，如《拓展公司业务的渠道》。

④ 提出疑问。这类标题以设问的方式提出报告所要分析的问题，引起读者的注意和思考，如《500 万的利润是如何获得的》。

（2）背景与目的

阐述背景主要是为了让报告阅读者对整体的分析研究有所了解，主要阐述此项分析是在什么环境、条件下进行的，如行业发展现状等。阐述目的主要是让读者知道这次分析的主要原因、分析能带来何种效果、可以解决什么问题，即分析的意义所在。数据分析报告的目的可以描述为以下 3 个方面。

① 进行总体分析。从项目需求出发，对项目的财务、业务数据进行总量分析，把握全局，形成对被分析的项目财务、业务状况的总体印象。

② 确定项目重点，合理配置项目资源。在对被分析的项目总体掌握的基础上，根据被分析项目特点，通过具体的趋势分析、对比分析等手段，合理地确定分析的重点，协助分析人员做出正确的项目分析决策，调整人力、物力等资源达到最佳状态。

③ 总结经验。通过选取指标，针对不同的分析事项进行分析，从而指导以后项目实践中的数据分析。

（3）分析思路

分析思路即用数据分析方法论指导分析如何进行，是分析的理论基础。统计学的理论及各个专业领域的相关理论都可以为分析提供思路。分析思路用来指导确定需要分析的内容或指标，只有在相关的理论指导下才能确保数据分析维度的完整性、分析结果的有效性和正确性。分析报告一般不需要详细阐述这些理论，只需简要说明使读者有所了解。

（4）分析过程

分析过程是报告最长的主体部分，包含所有数据分析的事实和观点，各个部分具有较强的逻辑关系，通常结合数据图表和相关文字进行分析。此部分须注意以下 4 个问题。

Excel 数据分析实务

① 结构合理，逻辑清晰。分析过程应遵循分析思路的指导进行，合理安排行文结构，保证各部分具有清晰的逻辑关系。

② 客观准确。首先数据必须真实有效、实事求是地反映真相，其次表达上必须客观准确规范，切忌主观随意。

③ 篇幅适宜，简洁高效。数据分析报告的质量取决于是否利于决策者做出决策，是否利于解决问题，篇幅不宜过长，要尽可能简洁高效地传递信息。

④ 结合业务，分析专业。分析过程应结合相关业务或专业理论，而非简单地进行没有实际意义的看图说话。

（5）结论与建议

报告的结尾是对整个报告的综合与总结，是得出结论、提出建议、解决问题的关键。好的结尾可以帮助读者加深认识、明确主旨、引起思考。

结论是以数据分析结果为依据得出的分析结果，是结合公司业务，经过综合分析、逻辑推理形成的总体论点。结论应与分析过程的内容保持统一，与背景与目的相互呼应。

建议是根据结论对企业或业务问题提出的解决方法，建议主要关注在保持优势和改进劣势、改善和解决问题等方面。

思考题

【导读】为了防止食品浪费，保障国家粮食安全，弘扬中华民族传统美德，践行社会主义核心价值观，节约资源，保护环境，促进经济社会可持续发展，在 2021 年 4 月 29 日，第十三届全国人民代表大会常务委员会第二十八次会议通过了《中华人民共和国反食品浪费法》。《中华人民共和国反食品浪费法》通过并执行后，多地开展《中华人民共和国反食品浪费法》宣传进校园活动，对学生进行厉行节约、反对浪费教育，让学生养成勤俭节约的好习惯。

【思考题】针对部分学校存在食物浪费和学生节俭意识缺乏的问题，请思考作为一名学生应该如何培养勤俭节约的良好美德？